CB073118

No despertar do século XXI
ensaios ecológicos pós-reichianos

XAVIER SERRANO HORTELANO

NO DESPERTAR DO SÉCULO XXI
ensaios ecológicos pós-reichianos

TRADUÇÃO
Juliana Vieira Martinez
Rose La Creta

COORDENAÇÃO DA EDIÇÃO BRASILEIRA
Rose La Creta

Casa do Psicólogo®

© 2004 Casa do Psicólogo Livraria e Editora Ltda.
É proibida a reprodução total ou parcial desta publicação, para qualquer finalidade, sem autorização por escrito dos editores.

1ª edição
2004

Editores
Ingo Bernd Güntert e Myriam Chinalli

Assistente Editorial
Sheila Cardoso da Silva

Produção Gráfica
Renata Vieira Nunes

Capa
William Eduardo Nahme

Foto da Capa
Iris Serrano

Editoração Eletrônica
Valquiria Kloss

Revisão
Christianne Gradvohl Colas

Dados Internacionais de Catalogação na Publicação (CIP)
(Câmara Brasileira do Livro, SP, Brasil)

Sánchez Pinuaga, Maite
  No despertar do século XXI: ensaios ecológicos pós-reichianos / Maite Sánchez Pinuaga, Xavier Serrano Hortelano; tradução Juliana Vieira Martinez, Rose La Creta; revisão Rose La Creta. — São Paulo : Casa do Psicólogo®, 2004.

  Título original: Ecología infantil y maduración humana
  Bibliografia.
  ISBN 85-7396-350-6

  1. Ecologia 2. Psicologia ambiental 3. Psicoterapia 4. Reich, Wilhelm, 1897-1957 I. Serrano Hortelano, Xavier. II. Título. III. Título: Ensaios ecológicos pós-reichianos.

04-6423   CDD-155.9

Índices para catálogo sistemático:
1. Ensaios ecológicos pós-reichianos: Psicologia ambiental   155.9

Impresso no Brasil
Printed in Brazil

Reservados todos os direitos de publicação em língua portuguesa à

Casa do Psicólogo® Livraria e Editora Ltda.
Rua Mourato Coelho, 1.059 – Vila Madalena – 05417-011 – São Paulo/SP – Brasil
Tel./Fax: (11) 3034.3600 – E-mail: casadopsicologo@casadopsicologo.com.br
http://www.casadopsicologo.com.br

Sumário

APRESENTAÇÃO 7

PRÓLOGO 9

INTRODUÇÃO 13

POR UMA ECOLOGIA GLOBAL 17
    A ecologia dos sistemas humanos no novo paradigma 30
    As "vacas loucas" em um sistema enlouquecido 30
    A espécie humana e "Gaia" 34
    Contato, couraça e identidade 35
    Superando Dr. Jekyll 37
    Cooperação e apoio mútuo 39
    Orgonomia e ecologia dos sistemas humanos 41

A DOENÇA DO CONSUMISMO 47

AGRESSIVIDADE, SADISMO E IMPULSO AMOROSO NO PROCESSO DE CRESCIMENTO 57

O SOFRIMENTO EMOCIONAL 75

SOBRE A LOUCURA **89**
   Aspectos socioistóricos da loucura 89
   Loucura ou sofrimento psíquico 95
   Loucura e estados de consciência 99
   O sofrimento psíquico e sua abordagem clínica 105

O CASAL: UM PROCESSO ALQUÍMICO OU UMA INSTITUIÇÃO PERVERSA? . **109**
   Casais e tipologias 113
   Orgasmo, amor e morte. 116
   Crise e temporalidade 123
   Conseqüências familiares ante da ruptura do casal 126
   Protegidos em nosso caminho 130

VIDA E MORTE **135**
   Morte e vida 136
   Pulsação vital e envelhecimento 138
   Aspectos psicossociais 141
   O processo individual da morte 144
   Morrer com qualidade 149
   A morte e a infância 153
   "Viver com a morte ao lado" 157
   Algumas citações para auxiliar a reflexão crítica 159

APÊNDICE **167**

Apresentação

O sonho não acabou

A característica mais marcante das pessoas que estão de alguma forma sintonizadas com o pensamento de Wilhelm Reich é a afirmação da vida. Via de regra, são pessoas que experimentam o prazer do pulsátil em seus seres e não se resignam com a miséria afetiva que campeia em um mundo materialmente farto e, supostamente, resolvido.

Xavier Serrano Hortelano é uma pessoa assim. Espanhol de nascimento e cidadão planetário por opção, viveu sua infância e adolescência em meio à ditadura franquista, mas sempre com um olho na fechadura da porta de acesso aos libertários e revolucionários anos 1970. Uma vez aberta a porta, encontrou uma grande fonte de inspiração nas teorias e práticas reichianas.

Olhando em retrospectiva, fica fácil compreender por que Reich foi um autor celebrado pela juventude dos anos 1970-80. Sua vida e sua obra (1897-1957) foram pautadas pela defesa da liberdade de expressão, pela revolução sexual, pelo combate ao fascismo e a qualquer forma de autoritarismo, pela prevenção das doenças (orgânicas ou psíquicas), pelo cuidado com as crianças do futuro. Sempre combativo, Reich nunca deixou de acreditar e lutar por uma vida feliz e saudável para toda a humanidade. Seus textos, críticos e ácidos, não deixam de exalar o doce cheiro de um sonho realizável: uma sociedade mais justa e equilibrada.

Neste recém-inaugurado século XXI, o sonho foi ampliado. Preocupada com a qualidade de vida, a humanidade se conscientiza de que não é possível uma vida saudável se o planeta estiver doente. A ecologia está na pauta do dia. E, mais uma vez, o pensamento reichiano se mostra atual. De sua genial concepção, de que o caráter de um indivíduo é a *corporificação* da ideologia vigente, até suas descobertas sobre a energia orgone biofísica e cósmica, o pensamento funcional reichiano pode ser considerado pioneiro daquilo que se alcunha hoje como pensamento sistêmico, complexo ou holístico.

A série de artigos que compõe este livro de Xavier Serrano permite ao leitor penetrar no pensamento reichiano: um pensamento voltado para a compreensão funcional de todo e qualquer acontecimento e suas interações. Seja este acontecimento uma variação climática, o desenvolvimento de uma planta, o funcionamento psicossomático, uma relação amorosa, o consumismo desenfreado, a loucura, as questões existenciais de vida e morte.

Com estilo e originalidade, Xavier Serrano apresenta, em cada artigo e no conjunto do livro, aquilo que seriam as bases para uma ecologia planetária: o resgate da harmonia e do equilíbrio intra e interpessoais. Sem isso, não há possibilidade de uma ecologia ambiental e social. O leitor poderá concordar ou não com o autor, com suas posições e tramas de idéias. Mas não poderá, jamais, dizer que Xavier não é franco, direto, consistente, e coerente em seu pensamento. Qualidades, aliás, partilhadas com alguns de seus mestres, tais como o próprio Wilhelm Reich e Federico Navarro (a quem tive o grato prazer de conhecer).

Dr. Cláudio Mello Wagner
São Paulo de Piratininga, 12 de abril de 2004

Prólogo

Uma das melhores contribuições do já extinto século XX foi sem dúvida alguma a emergência do paradigma ecológico na consciência coletiva. A consciência ecológica evoluiu muito e de maneira rápida nos últimos cinqüenta anos. Ainda que o termo "ecologia" tenha sido criado pelo biólogo alemão E. Haeckel em 1889, foi o livro de Rachel Carson, *Silent Spring* (*Primavera Silenciosa*), publicado em 1962, que marcou a consciência do desastre ecológico no cenário mundial. O livro de Carson mostrou os estragos produzidos pelos produtos agroquímicos sobre o meio ambiente.

Em quarenta anos, a consciência da crise ecológica se expandiu por todo o planeta e deu origem aos novos rumos da ciência contemporânea e dos movimentos filosóficos e sociais, contribuindo assim para um melhor entendimento do momento histórico que vivemos.

A percepção ecológica tem se estendido a todas as áreas do saber e está tecendo uma única rede de conexões dos fragmentos anteriormente concebidos isoladamente. A partir da concepção inicial de uma ecologia conservadora e ambientalista chegamos rapidamente a uma ecologia global: todos os aspectos da realidade estão em interação e se originam uns dos outros.

Esta obra de Xavier Serrano deve ser entendida dentro da concepção de uma ecologia global. Xavier, um psicoterapeuta – ou ainda um curador da psique humana, que trabalha com o sofrimento emocional – foi conduzido a uma visão holística das causas do referido sofrimento e a uma práxis terapêutica igualmente abrangente por sua cuidadosa formação profissional e seu percurso pessoal. Nós, seres humanos, somos corpo, emoção, mente e espírito. Por outro lado, nossa existência individual ocorre nos campos familiar, sociocultural (político, econômico, histórico) e ambiental (ou cósmico), com os quais iremos mantendo relações de interdependência vital. Por essa razão, o sofrimento emocional que experimentamos não está dissociado da nossa forma de conceber e viver o corpo; nem das representações mentais por meio das quais concebemos a nós mesmos e à realidade; muito menos das relações íntimas que formaram nossa individualidade desde nossa concepção, gestação, nascimento, primeira e segunda infâncias, adolescência, juventude, etc.; menos ainda da estrutura familiar, cultural, política e econômica que envolve nossa individualidade, como a placenta que envolve o feto; nem tampouco das condições ambientais, naturais ou artificiais, que condicionam nosso ser.

Esta é a razão pela qual todo psicoterapeuta realmente comprometido com a cura da dor humana não tem alternativa a não ser ir além do espaço clínico, estritamente psicoterapêutico, e passar a denunciar os aspectos perversos dos sistemas sociais, políticos e econômicos, geradores da dor e do sofrimento.

Wilhelm Reich teve a coragem e a ousadia de fazê-lo e alguns de seus seguidores, como é o caso de Xavier Serrano, vêm evidenciar que não pode haver salvação individual sem que haja uma salvação global e coletiva.

A crise ambiental a que estamos tentando sobreviver não caiu do céu como uma praga bíblica: na verdade, foi provocada por pulsões perversas surgidas na mente humana. Pulsões que, por sua vez, foram geradas tanto pela ignorância humana ancestral como por sistemas socioculturais específicos.

A cura da dor e do sofrimento humano não vai ocorrer ao se atender somente a uma de suas causas, mas sim ao se levar em con-

sideração e se aplicar a prática adequada para cada um dos múltiplos conjuntos de causas que a determinaram.

Assim reflete Xavier Serrano nesta obra sobre o consumismo, a agressividade, a violência, o impulso amoroso, o sofrimento emocional, a loucura, o casal, a morte, o neofascismo pseudodemocrático, a revolução de 68, etc., mostrando que há um fio invisível que une nosso bem ou mal-estar ao sistema social e histórico em que vivemos.

Esta é uma obra valente e singular, que reflete principalmente sobre o cinto de castidade intelectual que tenta nos impor o pensamento único, melhor entendido como "ausência de pensamento".

Estes ensaios *No despertar do século XXI* são sementes de reflexão crítica, não manipuladas geneticamente, para todos aqueles que resistem ao entorpecimento e ao embrutecimento de uma civilização dominada por um pensamento debilitado.

Dokushô Villalba
(Mestre Zen)

Introdução

O ser humano perdeu sua identidade como espécie. Sentimo-nos estranhos, alheios e nos destruímos sem piedade. A violência irracional dirigida a nós mesmos, fruto de lógicas economicistas e de poder neurótico, impediu de maneira permanente nossa harmonia com o ecossistema, e isso se expandiu, levando à destruição bosques, florestas, oceanos, rios e acarretando a extinção de milhões de espécies, enfim, nos separando cada vez mais do nosso meio natural.

Essa tendência veio se modernizando e se aperfeiçoando até chegar a níveis extremos, a ponto de, nos últimos cem anos, conseguirmos colocar em perigo mortal o nosso planeta Gaia, desestruturando a harmonia intersistêmica que a natureza organizara nos três bilhões de anos de vida terrestre.

Essas constatações podem soar um tanto clichê, porém espelham a realidade difícil e terrível em que vivemos e transmitem um legado inaudito às futuras gerações, pois o nível de Vida suportável foi reduzido ao mínimo possível.

Não pretendo fazer uma apologia do primitivismo ou do naturalismo "rousseauniano". Não acredito que a solução esteja em voltar ao tipo de vida das comunidades primitivas, mas sim que devemos aprender a preservar aquilo que foi gestado durante milhões de anos, integrando-o com o que a espécie humana pode desenvolver e qualificar. O que está em questão é a necessidade urgente de aprendermos a conviver com as demais espécies tendo como referência as leis do Vivo.

No despertar do Século XXI

O estudo das leis do Vivo e sua inter-relação com os diferentes sistemas, objetivo da ecologia, foi definido como orgonomia por Wilhelm Reich, um cientista vindo do campo da saúde. Reich se atreveu a nomear a nova disciplina, cujo objetivo era justamente promover uma reunião interdisciplinar para estudar de forma global as leis do Vivo, procurando destacar o que há de comum entre uma bactéria e uma galáxia, um animal humano e uma planta. É isso que buscamos com o novo paradigma científico: uma abordagem que considere a polaridade e a qualidade.

A vida é um conceito permanente mas também paradoxal, pois a partir dessa perspectiva o conceito de morte não existe. O que existe é a transformação, em função do padrão de organização responsável pela manutenção de um sistema, ou seja, sua Estrutura, que deixa de funcionar. O que efetivamente morre é essa estrutura específica, o padrão que mantém para cumprir seus objetivos. De fato, tudo morre. Aqui está o paradoxo. Tudo morre: significa que tudo se transforma, que tudo tem seu tempo.

Se há um conceito que ainda não interiorizamos, é o da temporalidade. E justamente porque somos temporais, mas a vida continua, o grande desafio do nosso tempo é criar oportunidades sustentáveis, ou melhor, entornos sociais e culturais em que possamos satisfazer nossas necessidades e aspirações sem comprometer o futuro das gerações que hão de vir, atuando para além de nossas próprias necessidades concretas e locais, movidos por nossa identidade instintiva, ausente em nossa condição de espécie e por nossa frieza emocional.

Ambos os elementos compõem o que Wilhelm Reich definiu como couraça muscular do caráter, ou estrutura defensiva; em linguagem científica atual, seguindo o conceito de "autopoiése" (auto-criação) de Maturana, poderíamos definir o quadro como uma autopoiése constritiva, e, portanto, degenerativa.

Mas como foi que ocorreu esse processo de perda de sensibilidade e percepção do animal humano, responsável pela ignorância de seu

Introdução

vínculo com a natureza, com o cosmos e com o suceder das coisas? Parece significar profundamente que perdeu sua espiritualidade, no sentido laico da palavra. Espiritualidade é nada menos que a sacralização da natureza e dos atos que permitem o desenvolvimento do Vivo, lembrando que uma coisa é espiritualidade, e a outra, religião.

As religiões são em geral uma manifestação clara da dispersão da essência da espiritualidade e, portanto, da essência do animal humano. É bem paradoxal, lamentável e intolerável que tenham sido – e sejam – as religiões que cometem, "em nome de Deus", as maiores atrocidades e também os governos mais perversos. A igreja católica, em nome da religião, cometeu genocídios muito maiores que os do próprio Hitler, como demonstra R. Garaudy. Assim como no caso do genocídio humano e cultural latino-americano, quantas culturas nós, espanhóis, portugueses, ingleses, destruímos em nome de Deus, em nome de algo que se supõe sagrado, espiritual e responsável pela vida? Como é possível que o animal humano seja tão "animal" e tão pouco humano?

Que outros sintomas precisamos manifestar para dimensionarmos nossa falta de consciência ecológica, ou seja, da nossa falta de conhecimento emocional – e não apenas cortical da harmonia intersistêmica? Quantos sintomas mais vamos desenvolver para compreender que estamos totalmente embrutecidos e com uma dinâmica antiecológica permanente?

Na educação atual está ocorrendo a mesma coisa. Há uma grande confusão quanto à maneira de desenvolver a convivência porque não se percebe que o problema não está na forma, mas na relação.

Observemos que o ponto comum entre a forma autoritária de atuação e a forma dispersiva, ausente, angelical, usada pela grande maioria da população atual no trato com seus filhos e alunos é pura falta de relação. Em uma, há imposição; em outra, ausência; mas em nenhuma há coexistência. Não há relação, porque relação significa comunicação e comunicação significa compartilhar, agredir, enfrentar, inter-relacionar necessidades, atuações, muitas vezes distintas, conflitantes, portanto antagônicas. Mas é no antagonismo que se desenvolve o futuro dos princípios da vida e do vivo. É daí que surgem as dinâmicas funcionais, os novos processos criativos e autopoiéticos do desenvolvimento. Evolutivos, sem dúvida, pois em todo antagonismo, em toda polaridade há expansão.

Essa poderia ser a dinâmica básica dos sistemas humanos, porque temos a linguagem, fato que sempre irá facilitar nossa dinâmica relacional, comparada com as demais espécies. A linguagem pode ser simbólica – unidirecional –, ou emocional – bidirecional. Nossa falta de contato se reflete hoje em dia no fato de empregarmos cada vez mais a linguagem simbólica, virtual, onde não existe diálogo ou comunicação, surgindo como um reflexo da realidade "civilizada", da violência institucional.

Graças à minha afortunada formação, à minha experiência de vida, às ricas dinâmicas relacionais criadas e mantidas com meus colegas e ao trato cotidiano com meus pacientes e alunos, pude me aprofundar e vislumbrar algumas chaves que considero fundamentais para compreender a lógica deste estado de coisas. Nestes ensaios, alguns elaborados a partir de artigos e conferências anteriores, tento refletir sobre esse conhecimento, esperando que o esforço prazeroso que gerou a edição e publicação deste livro contribua, em sua medida, para nossa difícil tarefa coletiva de potencializar nossas aptidões como espécie peculiar, recuperando a consciência ecológica e o sentimento solidário e oceânico, já expresso na famosa frase de A. Einstein: "Somos poeira de estrelas".

Xavier Serrano Hortelano
Valencia, janeiro de 2001

Por uma ecologia global

"*Pinoel já havia gastado sua herança, e apesar de ter chegado à miséria total, deixava a mesma herança recebida; era um corpo de carne vivida, porém compreendia agora que o homem nunca sabe por quem padece ou espera. Padece, espera e trabalha para pessoas que nunca irá conhecer, que por sua vez padecerão, esperarão e trabalharão para outros que também não serão felizes, pois o homem anseia sempre por uma felicidade que fica muito além da porção que lhe é oferecida. Mas a grandeza do homem é justamente esse desejo incessante de querer se melhorar, se impondo tarefas. No reino dos céus não há grandeza a conquistar, pois tudo ali é deleite, hierarquia estabelecida, incógnita, um existir sem fim, uma impossibilidade de sacrifício e repouso. Por isso, sufocado por sofrimentos e tarefas, formoso em sua miséria, capaz de amar em meio a pragas, o homem só pode encontrar sua grandeza, seu máximo desenvolvimento no reino deste mundo*".

O reino deste mundo
A. Carpentier

"*W. Reich foi o pioneiro da mudança de paradigma. Sua perspectiva cósmica e concepção holística e dinâmica do mundo superavam em muito a ciência de seu tempo, mas não foram aceitas por seus contemporâneos. O funcionalismo orgonômico coincide perfeitamente com o conceito de processo na nossa visão moderna dos sistemas*".

F. Capra

No despertar do século XXI

"A evolução dos organismos vivos está tão intimamente ligada com a evolução do entorno, que juntos constituem um único processo evolutivo".

J. Lovelock

"Nosso objetivo é facilitar a síntese entre a natureza e a cultura".

F. Navarro

Num desses frios aeroportos, que ficam em torno das grandes cidades, não me recordo qual, observei uma cena, aparentemente sem importância, mas que provocou em mim tristeza, raiva e impotência: uma menina de aproximadamente dois anos de idade estava no colo de um homem, no terminal de desembarque dos vôos internacionais. Perto de mim, atravessando a porta automática, uma mulher de meia idade dirigiu-se a eles.

A menina, ao vê-la, começou a chamá-la com emoção: "Mamãe! Mamãe!", ao mesmo tempo em que erguia os braços e gesticulava com o rosto. A mulher lhe deu dois beijos nas bochechas e em seguida um nos lábios do homem. Disse à filha: "Como mamãe está contente de te ver", e continuou andando. A menina seguia, pedindo com o corpo para abraçar sua mãe, jogando os bracinhos em direção a ela. Ao perceber que a mãe não prestava atenção, pois seguia falando com o homem, começou a chorar, repetindo "Mamãe, mamãe...!" cada vez com mais angústia e desespero. Diante da insistência da menina, a mãe lhe disse, sem mudar sua atitude corporal: "Não vou te pegar, mamãe está muito cansada, você não tem compaixão... além do que, já está no colo do teu pai!" O pai, ainda reforçou a frase dizendo: "Anda , deixa tua mãe em paz".

A menina passou a chorar desconsolada, com angústia e muita raiva. Diante da insistência da menina, a mãe lhe deu um tapa na cara. A menina fechou os olhos, se apertou contra o peito do pai com ódio, recolheu o pranto, e, impotente, se calou. Não podia fazer nada. A mãe se sentiu satisfeita e o pai sustentou sua emoção no abraço.

Senti meu peito oprimido. Lembrei-me do choro dos meus pacientes naquelas sessões em que seus corpos revivem o desprezo e a falta de reconhecimento de seu pai, de sua mãe, do professor... O desgarrar-se da mãe, expresso nos desesperados gritos dos bebês recém-nascidos, quando separados das mães para serem limpos e estigmatizados pela civilização, começando assim a destruição de sua potencialidade vital; o sofrimento que devem sentir as mulheres nas cidades do Afeganistão, onde os talibãs têm o poder e impuseram costumes ancestrais como a lapidação das mulheres adúlteras, comportamentos humilhantes e depreciativos, lembrando que muitos foram órfãos, abandonados por seus pais e acolhidos em escolas corânicas... Muitas imagens me vinham à mente e invadiam meu coração. Decidi continuar atento ao meu estado de associação livre...

Refletia, pouco depois, sobre o vínculo tão evidente que existe entre essa violência cotidiana que se vive no espaço familiar com as crianças – tanto na relação de pais e filhos quanto em condutas de violência manifestadas em casais transtornados, ou nos processos de separação destrutivos – quando se ignoram, desvalorizam e depreciam os filhos, e a violência governamental em grande escala, como os conflitos de guerra ou ainda vandalismo e tipos variados de nacionalismo exacerbado...

Ainda possuído por aqueles pensamentos, me veio à mente a trama do livro *Frankenstein*, onde aquele que é criado (Frankenstein) não é reconhecido por seu criador (o Doutor Frankenstein), porque o resultado não é de seu agrado. E por não ser reconhecido e ser lançado no vazio, sem identidade, ele se converte em um agente vingativo, destruidor, justificando com isso sua perseguição e morte, sem que seu criador assuma a responsabilidade pela sua criação.

Quem criou aquele que assassina para conseguir "uns trocados" para comprar um grama de heroína? Trazendo esta inquietude às esferas do poder: por que não questionamos àqueles que destroem a vida feito vândalos por supostas razões de Estado? Lembro, neste sentido, os milhões de mortos e mais de 600 mil refugiados desse pequeno país, a Chechênia, por decisão de Yeltsin, e que continua com o novo governo – e, por nada. Delitos e fraudes monetários são analisados e até mesmo julgados; às vezes, porém, deixam impunes atitudes onipotentes como essas. Na minha idade, ainda acho tudo isso incrível.

Como também acho incrível a violência que nossa espécie, sem identidade, exerce sobre seu planeta, sobre nosso planeta Gaia, destruindo em cem anos tudo o que a sábia natureza levou três bilhões de anos para construir – tese amplamente desenvolvida por Lovelock e outros cientistas atuais.

Mas o certo é que com essa violência convive uma outra, de nossa responsabilidade, e que pode ser evitada com maior facilidade, reduzindo assim grande parte da decorrente violência social. Esta é gerada neste ambiente e neste espaço comum a todos os nossos ecossistemas humanos básicos: família e escola.

Consideremos, por exemplo, que as atitudes destrutivas de certos jovens ou a falta de compromisso com as normas cívicas e sociais são, em grande parte, conseqüência de uma dinâmica familiar anterior, em que existiu uma comunicação, muitas vezes contraditória, entre o discurso verbal manifesto (digital) e as atitudes (analógico).

Com o resultado da "dupla mensagem que patologiza", tão bem descrita por Bateson, chegamos a um sintoma que nos faz refletir e investigar as conseqüências de certas maneiras relacionais em instituições fundamentais. Desta forma, começamos a reconhecer nossa responsabilidade como "Drs. Frankenstein" que somos, nos aproximando e enfrentando a criatura criada, para a partir daí começar a compreender, talvez, a lógica dos antagonismos.

Há uma série de fenômenos sociais que facilitam esta dinâmica que patologiza. Analisarei os que mais me preocupam.

Vivemos em uma sociedade que produz uma massiva e generalizada aceitação do fenômeno "do consumo pelo consumo" que produz, entre outras coisas que serão analisadas posteriormente, certa armadilha econômica. Quem pode conseguir os objetos de consumo que marcam as necessidades criadas pela publicidade, buscando "o melhor", sempre acaba dependendo de empréstimos. Esse fato vai determinar a infra-estrutura da pessoa, obrigando-a a cair numa dinâmica de mercado que condiciona possíveis atitudes de reivindicação no âmbito social e limita seu tempo de lazer; para aqueles que nem sequer podem aceder aos meios de consumo ocorre uma transferência e os objetos se convertem em seu centro de reivindicações e aspirações.

O que torna o quadro ainda mais dramático é o "aprisionamento psicológico", a contínua transformação do "objeto" em outro melhor, garantindo-lhe um tom libidinal que facilita as atitudes obsessivas e de dependência compensatórias. Em muitas ocasiões se transforma em estados depressivos do ser, mecanismo que se traduz por uma voracidade maníaca impossível de frear. Perde-se a referência dos "sujeitos" reais que estão ao seu redor e até mesmo de sua própria percepção como sujeito.

Além disso, podemos observar que se dá cada vez menos atenção adequada, traduzida em qualidade e quantidade, à criança da nossa sociedade. A confusão sobre o tema da maternidade e da paternidade em relação às atitudes de independência da mulher, as exigências econômicas que limitam – como dizíamos antes – o tempo livre, a perda das capacidades lúdicas do adulto e a visão produtivista, provocam uma falta de contato e de comunicação entre pais, mães e filhos desde os primeiros meses, condição fundamental para que se estabeleça uma autonomia e uma identidade própria. Com esta dinâmica, estamos favorecendo o desenvolvimento de indivíduos submissos, que buscam e anseiam por essa atenção que lhes foi negada, por esse amor não recebido e o transferem posteriormente a supostos substitutos e "vícios", como a "droga", as "cibermáquinas" ou a empresa competitiva.

Mesmo reconhecendo as conseqüências positivas que o uso da internet e outras vantagens da cibernética em geral podem ter para o ser humano, como dinâmica de comunicação permanente e sem fronteiras, acho importante denunciar e advertir sobre o perigo que pode trazer essa disfuncional imposição, cada vez maior, da informática para reger tanto nossa vida social e profissional quanto nossa própria intimidade, facilitando a linguagem e a relação severa, "coisificante", pragmática, abstrata e normativa – fruto da comunicação com a máquina, sem estarmos preparados para nos situar adequadamente dentro de tal relação – privando muitas outras, repercutindo fatalmente sobre o mundo infantil, com as patologias incipientes que atualmente se podem observar na relação criança-púbere e máquina.

Tendem a desaparecer certas capacidades humanas que correspondem, do ponto de vista neurológico, ao hemisfério direito, como a criatividade, a poesia, o "contato", a espiritualidade, a ternura... Neste sentido, F. Capra[1] escreve:

> "Cada vez mais, toda forma de cultura se encontra subordinada à tecnologia e à inovação tecnológica, mais que o aumento do bem-estar humano se converteu em sinônimo de progresso. O empobrecimento espiritual e a perda da diversidade cultural derivada do uso excessivo de computadores é especialmente grave na educação... O uso de computadores na escola está baseado na defasada visão dos seres humanos como processadores de informação, que reforça por sua vez os equivocados conceitos mecanicistas sobre pensamento, conhecimento e comunicação. A informação é apresentada como a base do pensamento, quando, de fato, a mente humana pensa com idéias, não com informação; como demonstra T. Roszak, as idéias são padrões integradores que não derivam da informação, mas sim da experiência".

Faz-nos lembrar da tese de outro esquecido libertário catalão do século XIX, na ocasião educador, Ferrer Guardia e sua "escola moderna", baseada em uma educação experiencial. Em outro aspecto, também me preocupa o predomínio das chamadas "razões de estado" ante as razões da pessoa individual, com fortes condicionantes econômicos

---

[1] Capra, F., *La trama de la vida* Editora Anagrama, 1998.

não manifestos, o que demonstra uma falta de ética e uma hipocrisia social perigosa. O que se observa tanto na relação causal em ocasiões de intrigas políticas em âmbito nacional e internacional à margem do conhecimento público, na reprovação dos Estados para legalizar a venda de drogas como a heroína, a cocaína... convertendo-se em cúmplices de todas as mortes e miséria humana que gera, como na atitude em relação a eutanásia e outras respostas individuais que facilitam, tanto a qualidade de vida como a qualidade de morte.

Isso tudo vem reforçado por uma atitude social perigosa sustentada por alguns setores dos meios de comunicação: substituir a transmissão de cultura pela transmissão da mesquinharia, com narrações de fatos superficiais e insignificantes e descrições mórbidas da intimidade, alimentando e muitas vezes contaminando outros espaços como o da política, inclusive o judiciário. O que era patrimônio das chamadas "revistas do coração" se generalizou para outros meios de comunicação de maneira indiscriminada, consolidando a "sociedade do espetáculo", assim denominada pelo situacionista G. Debord por volta de 1970. Assim, com esta dinâmica, alimenta-se com extremo cuidado o monstro recôndito e profundo que levamos dentro de cada um de nós. Este monstro feroz e destrutivo que foi crescendo em nossos pântanos de água estancada e corrompida, conseqüência da repressão e contenção bárbara e desumana dos afetos, emoções e sexualidade, desde nossa morada no útero materno. O subjetivo e o objetivo se unem numa dança catártica, onde o espetáculo social que nos transmitem certos jornalistas, intelectuais e políticos, excita suas entranhas vomitando rios de destrutividade contida e desenvolvendo a epidemia que Reich descreveu em 1940, como "peste emocional".

Julgamentos gratuitos, difamações, insultos, um vocabulário grosseiro e vulgar, a entonação enfática, as demonstrações do poder do dinheiro, a prostituição social, em que tudo tem seu preço vão invadindo nosso sistema e contaminando nossa atmosfera, aumentando essa sensação de deserto, de asfixia e de destruição que vive nosso ecossistema.

Fruto de um sistema social onde imperava a escuridão, a repressão, a negação do indivíduo e o exercício de evitar o pensamento e o uso da razão, mesmo depois de nos assegurarmos de que isso foi transformado, parece que necessitamos procurar bodes expiatórios para canalizar todas estas pulsões - contidas durante tantos anos-, sem nenhum tipo de funcionalidade, catarticamente, sem visão de futuro nem lembrança do passado. Desenvolvendo dinâmicas "vitimistas", negativas e masoquistas, que se distanciam cada vez mais de uma prática construtiva, criativa, funcional e solidária.

Como escrevi em outras ocasiões, tudo isso é um caldo que cultiva a apologia neofascista, baseada, talvez, nesta ocasião, no poder das urnas. Porém, de urnas contaminadas pela falta de cultura, de conhecimento da realidade, fruto da necessidade de expiar nossos fantasmas, o que não corresponde ao "aqui-agora". Situação perigosa, em que o espaço para o conhecimento e o tempo para a práxis é utilizado em mecanismos de defesa contra a irracionalidade, caindo por este mesmo motivo – às vezes necessário – em outro tipo de irracionalidade. Círculo vicioso, típico dos fenômenos perversos descritos por Freud em 1910. Esta apologia neofascista se caracteriza pela negação da cultura, pelo uso de tópicos, de construções vazias, de ideais patológicos de manipulação e instrumentalização do outro, da falsidade, da arte de convencer que o autêntico é o falso, do exercício do poder que a submissão e a cegueira de massas "enfeitiçadas" facilitam, do fanatismo, o enfeite das formas, a negação da emoção e o abuso dos pseudo-afetos. E naturalmente, da aliança com uma parte do capital que desconhece os investimentos a longo prazo.

Parece-me evidente que alguns destes traços se mantêm firmes em todas as esferas da vida social e ainda em nosso comportamento cotidiano, como conseqüência de um caráter integrado fruto de uma história vivida. São aspectos parciais, é verdade, mas há os que procuram diminuí-los e os que passam a alimentá-os de maneira selvagem se identificando e vivendo por isso.

Com minha palestra procuro apenas alertar a todos para um perigo que sei que intuímos. Reich escreveu certa vez que o "deserto emocional" contribuía para a formação e o desenvolvimento do processo de desertificação. Ao relembrar a influência intersistêmica, podemos perceber que de alguma forma existe uma conexão entre o ecossistema e o biossistema e ainda que tomemos essa lembrança apenas como metáfora ela nos leva a refletir.

Necessitamos de água, ou seja, necessitamos recuperar valores humanos, além dos tópicos. Para obtermos uma autêntica consciência ecológica, devemos construir uma dinâmica harmônica com os sistemas que facilitam o desenvolvimento do animal humano, construindo uma ecologia humana equilibrada, que nos permita ter uma real capacidade de gestão adequada sobre nossa espécie e sobre todas as outras, resgatando assim, a desejada harmonia com Gaia (nosso planeta Terra).

A solidariedade, o apoio mútuo, uma visão de futuro, mais a aplicação de análises e ensinamentos obtidos com nossa história passada, além de um entendimento real dos conceitos em questão, aliados à recuperação da nossa capacidade de contato com os elementos essenciais da nossa existência (temporalidade, morte, amor, sentimento cósmico oceânico e nossa responsabilidade diante da escolha da vida) constituem a condição essencial capaz de transformar o atual estado de coisas.

Nesse sentido, devemos desenvolver uma ética ecológica ou uma ecologia ética, em que nossa prática seja fruto de um convencimento verdadeiro, emocional, visceral e não apenas de uma moral proposta por este ou aquele autor, como é o caso de Krapotkin e seu livro vanguardista *O apoio mútuo*.

Krapotkin, geógrafo e naturalista eminente, durante os cinco anos que passou servindo o governo da Sibéria, chegou a recusar a tese dos seguidores de Darwin (particularmente T. H. Huxley), segundo a qual a evolução das espécies biológicas estava baseada na luta e na competição internas. Seu estudo da vida animal nas regiões orientais da Sibéria levou-o a colocar em questão a imagem, geralmente aceita, do mundo natural como uma selva com sua luta de vida ou morte, onde os sobreviventes são os membros mais capacitados de cada espécie. Suas próprias observações lhe indicavam que no processo de seleção natural a cooperação espontânea entre os animais era muito mais importante que a competitividade feroz, e que os animais que adquirem hábitos de ajuda mútua são, sem dúvida nenhuma, os mais capacitados para a sobrevivência.

Em nenhum momento Krapotkin negou a existência de lutas no reino animal, mas estava certo de que o apoio mútuo desempenhava um papel muito mais importante e que a ajuda mútua representava o "fator orientador da evolução progressiva". Sustentava também que no passado os homens possuíam uma acentuada tendência para trabalhar juntos, um espírito fraterno de solidariedade e irmandade. A ajuda mútua entre os seres humanos havia sido uma força muito mais poderosa do que a vontade egoísta de dominar os demais.

De fato, a humanidade deveria sua sobrevivência à ajuda mútua. Krapotkin afirmava, em oposição às teorias de Hegel, Marx e Darwin, que "as raízes do processo histórico se encontravam na cooperação".[2] Minha colega brasileira Maria Beatriz de Paula define esta prática como "a ética do amor".

É importante frisar que os cientistas contemporâneos do gabarito de I. Prigogine e I. Stengers (ver seu livro *Order out of chaos*) concordam com as teses fundamentais daquele esquecido e importante cientista naturalista e líder libertário do século XIX, que representam os primórdios da chamada vanguarda da "ecologia profunda". No último livro de F. Capra[3] lemos o seguinte:

> "Toda questão de valores é crucial na ecologia profunda, sendo na realidade sua característica central definitiva. Enquanto o velho paradigma se baseia em valores antropocêntricos (centrados no homem), a ecologia profunda tem suas bases nos valores ecocêntricos (centrados na terra). Esta é uma visão do mundo que reconhece o valor inerente de toda vida, não apenas da vida humana.

---

[2] Avrich, Paul *Los anarquistas rusos*. Alianza Editorial.
[3] *La trama de la via*. Ed. Anagrama, 1998.

Todos os seres vivos são membros de comunidades ecológicas vinculadas por uma rede de interdependências. Quando esta profunda percepção ecológica se torna parte de nossa vida cotidiana, surge um sistema ético radicalmente novo... Mesmo assim, a introdução de padrões "ecoéticos" no mundo científico nos parece de máxima urgência... Longe de ser uma máquina, a natureza em geral se assemelha muito mais à condição humana: imprevisível, sensível ao mundo exterior, influenciável por pequenas flutuações. Nesse sentido, o modo apropriado de aproximação com a natureza, para captarmos sua complexidade e beleza não pode ser o da dominação e do controle, mas sim o do respeito, da cooperação e do diálogo".

Maturana[4] também reflete sobre esse conceito em seus escritos:

"... na natureza não há concorrência, por mais que o afirmem aqueles que mal entenderam a Darwin – ou se Darwin o afirma é porque, por sua vez, entendeu mal a validade das fontes que consultou –, no âmbito de uma teoria econômica do início do século passado, que enfatizava a concorrência. A concorrência não é um fenômeno biológico primário, é um fenômeno cultural humano. O que se observa é colaboração.

Wilhelm Reich[5] assim se referia:

"O processo de cooperação e o progresso social estão governados pelos princípios democráticos do amor, do trabalho e do conhecimento. Estas são as fontes da nossa existência. Por isso, também deveriam governá-la. Um bom governo estimula as funções da auto-regulação, um mau governo as suprime. É isso que define nossa atitude com qualquer tipo de governo".

---

[4] Maturana, *Transformacion en lo cotidiano*. Santiago de Chile, Ed Domen, 1999.
[5] Reich, W., Nuestra práxis biofísica. In: *Orgone Energy Bulletin*, 1950

Em termos dialéticos, supõe que se recupere a teoria, abandonando a ideologia para "tirar o pó" dos legados filosóficos e sociais, vinculando-os às novas pesquisas e teorias capazes de criar novas teses que melhor se adaptem a nosso momento atual. Do contrário, vamos perdendo as referências teóricas, a capacidade crítica nossos parâmetros intelectuais ou científicos e vamos assumindo um aparente ceticismo. O perigo desse fenômeno é maior quando se apresenta tendência ao discurso místico, sem que haja um desenvolvimento espiritual individual capaz de permitir o verdadeiro acesso ao cósmico, resultando em dinâmicas de superstição que reforçam a tendência social à evasão da realidade. Citando F. Navarro, estamos tratando de juntar "a natureza com a cultura".

Felizmente há neste momento social muitos coletivos e instituições (ecológicas, sociais, profissionais) -- tanto públicas como privadas – que exercitam uma práxis em direção a uma mudança global e pretendem modificar nossa realidade, tão brilhantemente compreendida por E. Sabato: "...quando houve a cisão entre pensamento mágico e pensamento lógico, o homem ficou exilado de sua unidade primitiva; rompeu-se para sempre a harmonia entre o homem e o cosmo".[6]

Ainda assim, não devemos seguir pelo caminho da resignação e da impotência, pois sempre haverá um espaço onde e com quem iremos viver nosso sentimento, desenvolver a cultura e o conhecimento, favorecendo o processo de humanização.

Contribuindo assim para que a força e a coerência dos subsistemas diminuam a ofensiva da irracionalidade, permitindo o resgate do dinamismo e da evolução de nosso sistema social, capaz de articular uma convivência harmônica da espécie humana com o resto de espécies do nosso planeta Gaia, participando do desenvolvimento do novo paradigma – que segundo F. Capra no seu citado livro poderia chamar-se "ecológico" –, reconhecendo a interdependência fundamental de todos os fenômenos e o fato de que, como indivíduos e

---

[6] Sabato, E. *Antes del Fin*, Barral, Editora Seix, 1999.

como sociedade, estamos imersos nos processos cíclicos da natureza, segundo a percepção da ecologia profunda. W. Reich, décadas antes, já havia descrito com suas próprias palavras paradigmáticas:

"...o princípio do vivo inclui toda a humanidade. Um credo religioso determinado, um estado nacional, ou uma cultura nacional específica têm muito menos envergadura e importância que o vivo. Não importa o que representa o princípio do vivo internacional na religião ou em instituições nacionais ou sociais, sobreviverá e prosperará a instituição que se ajustar aos princípios do vivo. Tudo o que, nas instituições, se opõe ao vivo, não sobreviverá. O vivo é o princípio funcional comum à humanidade: o estado, a religião e a cultura em particular são de certa forma o princípio que separa, que gesta o ódio e desse modo asfixia a vida. Não pode haver paz na terra enquanto o princípio do vivo não assumir as rédeas da existência humana, sendo mais respeitado e valorizado do que os estilos de vida mais limitados responsáveis pela separação. Somente sobre esse fundamento se poderá distinguir o indivíduo que trabalha internacionalmente do político que simplesmente colhe votos para o partido democrático de qualquer país; o partidário da democracia social internacional do fascista vermelho; o conservador do interesse e a realização nacional do partidário hipernacionalista do Hitler; o trabalhador internacional do explorador imperialista do trabalho do próximo. Desta forma ficará claro quem está a favor e quem está contra o princípio do vivo, da auto-regulação. Com a implantação do princípio do vivo, da auto-regulação e do autogoverno como meta internacional e ideal em nome do que lutar, vamos bloquear os inimigos da humanidade: o ditador, o político que tem sede de poder, o doente neurótico, o difamador e o caluniador cheio de peste emocional, em nome do esforço humano e de sua dignidade. Assim o vivo surgirá, sem dúvida, visível para qualquer um em qualquer lugar; e só assim o homem poderá voltar às tarefas positivas que lhe mostram como desenvolver e governar sua própria vida".[7]

---

[7] Reich, W., Nuestra praxis biofísica. In: *Orgone Energy Bulletin*, 1950.

A ecologia dos sistemas humanos no novo paradigma

As "vacas loucas" em um sistema enlouquecido

O problema das "vacas loucas" foi discutido meses atrás na imprensa européia. A discussão girava em torno dos sintomas, das doenças contagiosas e das medidas preventivas que matavam milhões de vacas. Mas o destaque nessa discussão era dado ao entendimento das origens da doença. Esta espécie já sofreu os estragos do animal humano, supostamente superior e curiosamente nos afetou. O que criamos está se voltando contra nós, pois além das razões fisiológicas evidentes, busca de produtividade, a idéia capitalista de *ter* – como já grifamos, – "carne para todos" foi o objetivo perseguido em condições absolutamente antiecológicas, de aglomeração, de separação precoce dos bezerros das suas mães, etc., com alterações hormonais; enfim, resultando em graves alterações do ritmo biológico.

De fato, já faz alguns anos que foram feitos experimentos demonstrando essa tese. H. Maturana descreve em seu livro *A árvore do conhecimento*:

> "Durante alguns dias separaram cordeiros recém-nascidos das suas mães, para logo serem devolvidos. O cordeirinho cresce, caminha, segue sua mãe e não revela nenhuma alteração até que começa a interagir com outros cordeirinhos. É hábito destes animais brincarem correndo e bater com a cabeça. Os cordeirinhos separados das mães não se comportam assim durante horas. Não aprendem a brincar, permanecendo afastados e solitários".

Este biólogo se pergunta o que aconteceu, e sua resposta é clara:

> "Não podemos dar uma resposta detalhada do que aconteceu, mas o fato de que este animal se comporte de maneira diferente revela que

de referência para descrever muitos fenômenos atuais, não só a partir da filosofia ou da epistemologia, mas também de perspectivas científicas que ao longo dos últimos decênios pesquisadores de distintas disciplinas foram refletindo, desde a microbiologia até a geologia, passando também pela psiquiatria. Estes cientistas coincidem numa série de aspectos, o que nos leva a definir a alternativa paradigmática, a teoria científica atual como paradigma holístico, ou seja, que leva em consideração a globalidade das coisas – portanto, tudo o que se analise será sempre em relação ao meio. Cito uma frase de F. Capra, cientista que está divulgando estes conceitos:

> "O novo paradigma tem uma visão holística do mundo, já que o vê como um todo integrado, mais que como uma descontínua coleção de partes. Também uma visão ecológica, usando o termo ecológico num sentido mais amplo e profundo do que o habitual. A ecologia profunda reconhece a interdependência fundamental entre todos os fenômenos e o fato de que como indivíduos e como sociedades estamos todos imersos nos processos cíclicos da natureza."

O tema das vacas loucas está relacionado com o ser humano sob vários pontos de vista. Simplesmente o fato de separar os bezerros recém-nascidos de suas mães e não deixá-los viver o processo de amamentação com o contato epidérmico e hormonal natural já traz uma série de conseqüências negativas, pois afeta o sistema por completo. E este sistema tem que se defender, criar dinâmicas alternativas, que não sabemos quais são e que podem ser posteriormente analisadas, de um ponto de vista patogênico, ao desenvolver mecanismos adaptativos, definidos pelo biólogo chileno H. Maturana como "autopoiéticos". Isso significa que todo sistema desenvolve dinâmicas de autocriação conforme se relaciona com os ecossistemas circundantes. Significa também, como já vimos, que podem ser interações compatíveis ou destrutivas, segundo aquele autor e, que de meu ponto de vista – mesmo que sempre existam processos autopoiéticos –, serão de índole expansiva ou constritiva, semelhantes aos descritos por W. Reich como conseqüência do sistema defensivo que denomina "couraça muscular", que provocam, por sua vez, processos degenerativos e patologias funcionais.

Dependemos do mundo que nos rodeia e nos relacionamos com ele. Como nenhum ser vivo é uma entidade isolada, o que fazemos vai repercutir diretamente no exterior. Isso é revolucionário cientificamente falando, porque significa, por exemplo, que em um momento determinado uma poda de árvores, que serviria para acender uma lareira, com o tempo pode estar prejudicando toda uma zona de abelhas que ali estava com suas colméias, perturbando esse sistema e esse tipo de espécie. Esta é apenas uma das conseqüências, porque com o tempo, na cidade, pode ocorrer um ataque de abelhas e a partir daí podem surgir doenças que determinem uma epidemia, responsável pelo desaparecimento da humanidade, ocorrida a partir de uma poda de árvores, em razão de uma mutação. Isso lembra a ficção científica, mas a ficção científica procura refletir situações de maneira visionária c vanguardista.

Não sou um ecologista especializado em sistemas físicos, geográficos ou geológicos, mas sim em sistemas humanos; por isso, tento passar o conceito de autopoiese à nossa espécie, levando em consideração a idéia filosófica de que não existe o bom nem o mau, mas sim as conseqüências das nossas ações. Qualquer ação tem suas conseqüências: às vezes não conseguimos prevê-las, muitas vezes é possível prevê-las e preveni-las. Como conseqüência, estaremos gerando benefícios para a manutenção, preservação, confirmação e, portanto, para a evolução do que existe, potencializando-o, ou então gerando um processo contrativo, entrópico, de desaceleração e desestabilização do meio. Isso vai se repercutir a longo prazo no processo do indivíduo que o provocou, mesmo que, a curto prazo, não seja visível. Foi o que se produziu no animal humano. Porque contemplamos não só o que vemos, temos objetivos e interesses a curto prazo que nos interessam corrigir e dos quais queremos tirar algum benefício imediato. Entramos na base do produtivismo, do economicismo e da mais-valia e, portanto, da economia capitalista.

A espécie humana e "Gaia"

Em menos de cem anos o descontrole de "Gaia", planeta Terra, nossa casa, foi indescritível, principalmente se levarmos em conta o tempo necessário para recuperar um processo de estruturação, evolução e desenvolvimento. Assim, os microssistemas e as estruturas vivas foram gerando processos autopoiéticos, adaptativos, de desenvolvimento, de evolução, de manutenção do meio, que por sua vez criaram processos produtivos, adaptativos que deram origem a novas espécies. Há bilhões de anos apareceram as primeiras espécies vivas conhecidas – os vegetais – e há pouco, há apenas milhões de anos, começa a existir a espécie mais parecida com a estrutura animal humana. Aquilo que foi gestado em 3.500 milhões de anos vem se transformando completamente, em 80 ou 60 anos, sem nenhum tipo de ordem.

A única lógica é a da produtividade, lógica neurótica de uma espécie, que supõe formar parte dessa dinâmica global de criação, mas que foi entrando no enlouquecimento como espécie, desenvolvendo dinâmicas constritivas, destrutivas, que geraram uma mutação concreta. Evidentemente isso repercute no desenvolvimento da própria espécie, que não se livra das doenças degenerativas, do *stress* patogênico e do aumento das doenças cardiovasculares, entre muitas outras.

Poderíamos pensar que em contrapartida ganhamos mais comodidade e melhores meios técnicos para qualificar nossas vidas e ter mais possibilidades de desenvolvimento, porém o que se conseguiu foi alinhar com uma série de desequilíbrios que nos deixam sem futuro. Hoje não podemos avaliar a realidade pelo que de fato temos, concebido de uma perspectiva mecânica, mas sim pelo que nos tornamos, pelo que existe, e o que poderá existir.

Não faço uma apologia do primitivismo nem da volta ao passado; não se trata de voltar às comunidades primitivas, mas sim de tentar preservar aquilo que se desenvolveu durante milhões de anos, aprendendo a conviver e a respeitar as leis do vivo de maneira a desenvolver o presente, preservando e potencializando o futuro.

A ciência da ecologia estuda estas leis do vivo e sua comunicação com os distintos ecossistemas; curiosamente, um cientista e profissional da saúde, W. Reich, neuropsiquiatra, há meio século investigou este mesmo campo e o definiu com o termo "orgonomia". Reich se atreveu a dar um novo termo a uma disciplina nova, cuja tentativa era, precisamente, reunir cientistas das diferentes disciplinas para estudar no global as leis do vivo e tentar descobrir o que há em comum entre uma bactéria e uma galáxia, um animal humano e uma planta, e principalmente o que define um organismo vivo, por que há vida, e como coexistimos. É isso o que se considera no paradigma científico atual: buscar explicar as coisas do ponto de vista da polaridade, do qualitativo. Isso nos faz tentar entender quais mecanismos levaram o ser humano a perder sua identidade como espécie. Seria porque o animal humano é o único que não possui identidade como espécie em relação ao resto dos seres vivos com conhecimento, porque, para ter identidade não é preciso ter consciência, já que uma coisa é identidade biológica e outra, identidade psíquica. Esta falta de identidade segue implícita ao que W. Reich definiu como "perda de contato".

Contato, couraça e identidade

Em meu trabalho cotidiano como psicoterapeuta, abordando diariamente o sofrimento emocional, observo *in extremis* esta perda de contato. A pessoa chega à consulta com uma sintomatologia sexual, psicopatológica ou psicossomática, desconhecendo sua causa, atribuindo-a a mil possíveis e diferentes coisas, quando na realidade, na maioria das vezes, deve-se a um distúrbio sistêmico, produzido em sua estrutura humana como conseqüência de um *stress* provocado por não poder se adaptar por mais tempo às exigências dos ecossistemas circundantes (família, escola, trabalho, sociedade, cultura...).

Se considerarmos a doença como uma linguagem, a expressão de um código somático, orgânico – que tem de ser decifrado para que se possa compreender a mensagem sempre implícita e desconhecida para a consciência, pois foi produzida pela perda de contato com seus processos internos, com suas necessidades, com seus conflitos, com seus anseios, seus desejos, suas frustrações –, podemos perceber que essa perda de contato vai se produzindo ordenadamente, como uma defesa.

Diante das progressivas exigências que cada recém-nascido vai recebendo ao longo da vida infantil, dissociadas na maior parte das vezes de suas necessidades reais, capazes de lhe permitir um amadurecimento e desenvolvimento, de forma integrada e equilibrada, de todas as funções que caracterizam nossa espécie, o ser humano vai adoecendo. Isso vai ocasionando um embrutecimento progressivo em nossa percepção, sustentado pelo que W. Reich chamou de "couraça muscular-caráter", através da qual uma série de atitudes comportamentais cronificadas e estereotipadas pelo processo de adaptação, somadas às tensões musculares que vão se tornando crônicas em determinadas partes do nosso corpo, vão limitando a respiração e o processo vital em geral, com a função de evitar que o ser humano contate a angústia causada pela a violência exercida sobre nossos corpos indefesos e fracos, negando nossas necessidades afetivas, emocionais e sexuais, gerando essa percepção parcial e mecanicista que nos caracteriza.

As conseqüências deste estado de coisas são observadas não só no espaço da clínica, mas também nas dinâmicas sociais e no comportamento humano em geral. Perde-se a naturalidade, a percepção cósmica, solidária, humana, gerando o sentimento de solidão, o vazio existencial, introjetando o "outro" e o mundo como inimigos e desenvolvendo atuações egoístas, individualistas e destrutivas, baseadas no medo. Rompe-se o cordão que nos une à nave e que nos faz flutuar no espaço, e mergulhamos no pânico e no desespero. Tudo isso mantido e restringido por ecossistemas e estruturas sociais que facilitam a compensação dessas carências através de mecanismos evasivos (alguns meios de comunicação, as máquinas), catárticos (algumas festas e esporte de massas), vorazes (o estímulo ao consumo selvagem), e em outras ocasiões com comportamentos repressivos e ideológicos. Assim, essa falta de identidade implica a grande perda, para o animal humano, de sua capacidade de perceber o outro e a si mesmo, perdendo assim sua essência humana como espécie, como natureza e como parte do cosmos.

Como conseqüência, o ser humano perde sua espiritualidade no sentido leigo da palavra, ou seja, o sentido da sacralização da natureza e dos atos que permitem um desenvolvimento e contato com o vivo. Os conceitos de espiritualidade e religião são diferentes. As religiões são em geral uma manifestação clara da dispersão da essência do animal humano. É paradoxal, lamentável e intolerável que tenham sido – e sejam – as religiões que cometem em nome de Deus as maiores atrocidades, e que sejam as igrejas, em nome das religiões, a cometerem genocídios muito maiores do que os governos mais duros. Nem Hitler, com o nazismo, superaram a igreja neste sentido. Lembremo-nos do genocídio das culturas latino-americanas, por espanhóis, portugueses, ingleses matando em nome de Deus, em nome de algo que se supõe sagrado, espiritual e que gera vida.

Superando Dr. Jekyll

Nós criamos monstros e logo nos assombramos e nos assustamos com eles, tal como descreve Mary Shelley em sua novela *Frankenstein*. O personagem se assusta com o monstro de sua criação, com sua própria atrocidade; não só se assombra, mas o abandona, com sua negação. O monstro negado por seu criador, sem nenhuma identidade, se torna destrutivo, destrói. Em sua autopoiese, apenas pode destruir, mesmo que não queira. Assombramos-nos, pois nos custa muito assumir nossa responsabilidade e esse é o primeiro passo, tomar consciência desta realidade. Isto significa que não somente devamos dar importância a reciclar as latas, não jogar o lixo na natureza ou não matar pássaros pelas ruas – o que certamente reflete nossa consciência ecológica –, mas que possamos assumir o aspecto fundamental, essencial e muito complexo de nos sentirmos parte do todo, ou seja, sentir plenamente o que está acontecendo ao redor. Se sentíssemos realmente a destruição não poderíamos destruir, e aí reside o problema, na nossa perda de identificação como espécie.

O assunto se torna muito complexo, porque assumir uma plena consciência ecológica significa integrar a possibilidade de estar em contato com nossa essência, sentir o que ocorre ao nosso redor, o que nos faria mergulhar em uma tristeza e um sofrimento permanentes; para evitar esse sofrimento nosso biossistema põe em ação mecanismos de defesa paliativos – que W. Reich descreveu como "processo de encouraçamento" – limitando nosso contato e embrutecendo nossa percepção, nosso sentir, comprometendo assim a nossa "consciência ecológica global".

Dessa maneira, vamos tocar no conceito de autopoiese, mostrando que ela é produzida no ser humano de maneira diferente do resto das espécies, há séculos, pois se caracteriza por um claro processo de contração que ignora e perturba as necessidades do novo ser em processo de desenvolvimento, ocasionando uma auto-regulação cada vez menor, mais contraída e medrosa.

Recordemos R. Spitz, quando nos descreve como muitas crianças chegaram a morrer por apatia e depressão nos orfanatos, não por fome, mas por falta de contato, de afeto. Fica assim demonstrado que se pode morrer por falta de amor, mas antes que isso aconteça, a estrutura tentará criar novas formas para sobreviver. Ela pode inclusive criar uma espécie de "roupa de mergulhador" que a envolva, impedindo que veja, olhe e sinta.

Por isso, neste discurso, não pode haver culpa, mas sim responsabilidade. Não podemos pensar que somos "maus" porque estamos educando crianças neuróticas, com estruturas autopoieticamente contraídas. Ocorre que atuamos inconscientemente, além de podermos estar condicionados por nossos próprios limites caracteriais, pela laje da nossa couraça.

Porém, assim que pudermos, devemos assumir nossa responsabilidade, buscando medidas de mudança, para que possamos desenvolver sistemas familiares e educativos mais humanos que facilitem a abertura da nossa percepção e o desenvolvimento da nossa capacidade de contato, permitindo que os novos seres humanos cresçam em boas condições e com um ritmo de acordo com sua espécie, satisfazendo suas necessidades biológicas específicas. Devemos grifar que este trabalho começa na vida intra-uterina e no nascimento, prosseguindo pela infância e adolescência, até alcançar a autonomia e o amadurecimento do ego.

Desta forma, contemplamos nossas ações levando em consideração não apenas as conseqüências imediatas, mas também as de médio e longo prazos. Precisamente uma das características do novo paradigma é a *"sustentação"*, tal como define Lester Brown: "uma sociedade *sustentável* é aquela capaz de satisfazer suas necessidades sem diminuir as oportunidades das gerações futuras".

Cooperação e apoio mútuo

Em poucas palavras, este é o grande desafio do nosso tempo. Criar oportunidades sustentáveis, ou seja, entornos sociais e culturais capazes de satisfazer nossas necessidades e aspirações sem comprometer o futuro das gerações seguintes. Neste sentido Krapotkin – etnólogo e um dos principais ideólogos libertários do início do século XX – já mencionava este conceito, que definia como "apoio mútuo". Ele demonstrou que as espécies não se mantinham através da concorrência, mas que eram reguladas pelo princípio da vida, ou seja, pela colaboração e cooperação entre as espécies. Isto está sendo resgatado pelo paradigma científico atual. Em uma de suas obras assim escreve o biólogo chileno H. Maturana: "Na natureza não há concorrência, por mais que seja afirmado por aqueles que entenderam mal a Darwin. A concorrência não é um fenômeno biológico primário. É um fenômeno cultural". Nesta mesma linha se encontra W. Reich, pois uma das teses de seu "funcionalismo orgonômico" afirma que: "é a mesma função que dirige a cooperação".

Poderíamos trazer a idéia de colaboração e cooperação ao terreno das sociedades humanas para recuperar dinâmicas sociais que foram perdidas e sufocadas pela violência e ferocidade da competição, vinculada aos interesses econômicos que estão levando à destruição do nosso planeta e, por decorrência, à nossa, como espécie.

Ao longo da história, sempre ocorreram movimentos que potencializaram o princípio da cooperação, porém para o movimento libertário e para a ecologia global ela é uma máxima fundamental. Este princípio de cooperação deve se fundamentar numa identidade de coletivo, deve se apoiar nos pilares da solidariedade emocional, não só "ideológica" ou "moral", pois sempre podemos fazer as coisas em função de modelos referenciais ou modas, e se a cooperação não estiver fundamentada pelo sentimento pode resultar pouco duradoura ou mesmo passível de manipulação.

Por exemplo, hoje em dia está na moda o chamado *time work*, técnica de aplicação dos recursos humanos nas empresas. Isto significa que o foco da ação a resolução de conflitos nas empresas se baseia na análise da realidade de seus membros e no fomento a uma comunicação fluida, capaz de revelar aqueles conflitos que possam estar condicionando a dinâmica do trabalho. É um conceito interessante, porém pode ser utilizado de forma mecânica visando apenas fins produtivos, o que empobrece a técnica pela perda de seu objetivo humanista e coletivo.

Por outro lado, parece que hoje em dia se resgata a importância da amamentação materna, sem que isso implique uma visão retrógrada da mulher. De fato, houve há pouco tempo um congresso da classe médica sobre amamentação natural com grande sucesso, quando há muito pouco tempo os pediatras se opunham àqueles que defendiam o dar o peito aos filhos por "razões médicas".

Mesmo esta ação tão nobre, quando realizada de forma mecânica, de acordo com a moda, sem que se assuma ou se tenha consciência emocional da função cumprida no processo de equilíbrio e harmonia do sistema familiar, seus resultados serão parciais e até quantitativamente questionáveis. Isso porque, no fundo, não se trata somente de dar o peito: trata-se de como se dá, do tipo de relação que se estabelece entre a mãe e o bebê, tendo em conta a particularidade de cada sistema familiar (condições econômicas, sociais, posição afetiva do pai...). Pois, como tantos teóricos do novo paradigma insistem, nós somos animais relacionais, para quem a linguagem cumpre uma função muito importante, está sempre mediando a situação. Uma linguagem que está sustentada por uma dinâmica emocional é capaz de construir uma forma de nos comunicarmos, ajudando a criar um padrão de relação. Portanto, a dinâmica relacional é a que vai marcar a autopoiese da estrutura, ou melhor, o fundamental vai ser como nos relacionamos. Isso nos dará a chave do desenvolvimento de nossa estrutura individual.

Tudo isso me faz lembrar a famosa frase "faça sexo, que o mundo se acaba" que estava na moda há alguns anos em alguns ambientes culturais. Era revolucionário "fazer sexo", mas nem por isso se desenvolvia mais a vida afetiva ou desapareciam as disfunções sexuais ou a neurose. Era uma interpretação cultural parcial de algo que tinha sua origem precisamente em um de nossos referenciais mais importantes, W. Reich, que destacava a importância da vida sexual e afetiva no ser humano para melhorar sua qualidade de vida de um ponto de vista global, lembrando que a relação humana se baseia na transmissão de afetos, emoções e sentimentos, portanto, da sexualidade.

Orgonomia e ecologia dos sistemas humanos

Conhecendo estes fatos, nossa responsabilidade consiste em tomarmos posições quanto às situações que reconhecemos como causas destas contrações e desta perda de identidade individual e coletiva. Situações, por exemplo, como as que se produzem por influência da igreja católica, que manifesta ser pecado o uso dos anticoncepcionais, considerando-os como algo proibido, já condicionando negativamente a possibilidade de cada um escolher livremente o momento de ter um filho(a). Isso é intolerável, assim como o fato de que em nome de Maomé – ou de quem quer que seja – chega-se a castrar a mulher, privando-a de seu clitóris, ou que a destruam por querer viver livremente sua sexualidade.

Os governos e as diplomacias aceitam e toleram esses fatos para evitar maiores conflitos bélicos, que acabam se produzindo igualmente por razões e interesses econômicos e políticos, como ocorreu com o atual conflito no Iraque. Isso é muito mais lamentável, pois vai contra os aspectos básicos que configuram a identidade do ser humano. Todos temos algo a fazer, porque faz parte do nosso cotidiano. Coisas similares acontecem em nossas casas. Para mim, é este o real significado da consciência ecológica. Por isso, admiro a frase de Epicuro: "O conhecimento não só nos deixa felizes, mas também nos liberta". Porque no momento em que sou livre conheço algo pelo qual posso me responsabilizar.

Conhecemos coisas que nos permitiriam modificar os sistemas humanos, desde a concepção, a vida intra-uterina, o parto, a amamentação, a autorregulação. Desde a realidade de sistemas nos quais se criam relação, comunicação, nos quais se reconheça a validade do discurso da criança, possibilitando que conheça o nosso. Vivendo o presente, em constante inter-relação e comunicação verbal e emocional.

São estas mudanças cotidianas que podem facilitar as mudanças em nosso sistema social, pois a partir do momento em que se generalizam e se convertem em costumes, também mudam as leis, a cultura, isso sabemos por nossa própria experiência.

Na Espanha, só depois de se viver cotidianamente dinâmicas sexuais transgressoras para o sistema foi que se implantaram leis que facilitaram o uso dos anticoncepcionais, o divórcio, o aborto, o que reflete uma dinâmica afetiva mais livre.

Ou seja, primeiro culturalizamos uma ação para depois transformá-la em lei, por isso a responsabilidade é nossa, em grande escala.

É hora de assumirmos uma consciência ecológica e de desenvolvermos uma cultura ecológica. Coloquemos os meios necessários para que possamos realmente sentir as coisas que fazemos e estejamos atentos para conhecer e intuir que poderiam nos ajudar a recuperar nosso equilíbrio como espécie.

Já existem neste momento muitas pessoas e coletivos com os quais estamos trabalhando com o objetivo de conseguir essas mudanças culturais, esse novo desenvolvimento dos ecossistemas humanos. Muitas vezes os meios de comunicação não facilitam sua difusão, porque parecem banais ou pouco significativos do ponto de vista do *marketing*. Mas estamos ajudando a mudar esse estado de coisas. Constatamos que depois de vinte ou trinta anos reivindicando algo e desenvolvendo certas condutas transgressoras cotidianamente, há pessoas que começam a viver assim, desta maneira, como algo normal e habitual, tornando o comportamento um costume.

Por exemplo, há coletivos educativos como a escola Els Donyets, que trabalha numa prática escolar alternativa, em Valência; coletivos feministas, ecológicos, libertários, de homens e mulheres que trabalham para mudar o cotidiano. Todos podemos participar de forma madura, solidária e ativa neste processo de mudança. Criar em grupo, trabalhar em equipe com formatos federativos, é algo que os libertários já nos ensinaram na Espanha.

Nosso desafio é desenvolver redes, grupos que trabalhem pela transformação dos sistemas humanos ao mesmo tempo em que realizamos essa mudança em nossa vida cotidiana. Compreendemos que é desta forma que iremos configurando o novo paradigma, sempre nos apoiando em sólidas bases científicas, já encontradas na teoria dos "campos morfogenéticos" de R. Sheldrake, ou no conceito de *Boopstrap* de G. Chef, na "tektologia" de A. Bognadow precursora da "teoria dos sistemas" de L. Bertalanfy, nas "estruturas dissipativas" de I. Prigogine, na "autopoiese" de Maturana, no conceito "Gaia" de J. Lovelock, no papel dos "neuropéptidos" descoberto por C. Pert, na "homeopatia" de Hanneman, na "teoria da libido" de Freud e na "orgonomia" de W. Reich. Pela evidência empírica da energia vital denominada Orgon, seguindo os passos do vitalista Bergson, W. Reich vai desenvolvendo uma visão global e circular onde o social, o individual e o cósmico estão em constante inter-relação, às vezes se opondo em alguns aspectos à teoria dos sistemas e a outros avanços científicos já descritos de uma forma evidente, mas ainda excessivamente intuitiva, porém manifestando um pleno contato com o Vivo.

Nesse sentido, F. Capra escrevia em 1999: "Para recuperar nossa plena humanidade devemos reconquistar nossa experiência de conexão com a inteira trama da vida. Esta conexão – *religio*, em latim – é a mesma essência da base espiritual da ecologia humana".

W. Reich, meio século atrás, já lembrava que:

> "O desenvolvimento da sociedade deve e tem que ser adaptado aos princípios da auto-regulação do Vivo... e não como hoje, quando o Vivo tem que se ajustar às demandas específicas de pequenas parcelas da raça humana, como ocorre com os grupos religiosos, as culturas nacionalistas, os governos estatais, etc. Vale lembrar que o princípio do Vivo inclui toda a humanidade. Um credo religioso determinado, um estado nacional ou uma cultura nacional específica têm muito menos envergadura e importância que o Vivo. Tudo o que nas instituições está contra o Vivo não há de sobreviver, porque o Vivo é o princípio funcional comum da humanidade. O estado, a religião, a cultura em particular, seriam em certas situações o que separa e cria o ódio, e, deste modo favorece o sufocar da vida. Não pode haver paz até que o princípio do Vivo tome as rédeas da situação, do governo, da espécie humana e seja valorizado muito além das modas e das formas de existência limitadas que nos oprimem. Somente sobre esta base se pode distinguir o indivíduo que trabalha internacionalmente pelo Vivo do político que recolhe meramente votos para o partido democrático de qualquer país; o partidário da democracia social internacional do fascista, do conservador que tem interesse em mobilizar dinâmicas sociais; o partidário hiperna-

cionalista como Hitler com o trabalhador internacionalista, e assim por diante... Desta maneira, se torna inevitável o esclarecimento, a definição de quem está a favor e de quem está contra o princípio do Vivo, da Auto-regulação".

Hoje em dia, os coletivos pós-reichianos, como o que dirijo na Escuela Española de Terapia Reichiana, procuram seguir levando adiante estas propostas, tanto no campo clínico – tentando aliviar o sofrimento através da Psicoterapia Breve Caracteroanalítica (P.B.C.) ou recuperando nossas potencialidades através da Vegetoterapia Caracteroanalítica –, como no campo social e preventivo, mantendo este compromisso com a Orgonomia como cidadãos em nossa vida privada e como profissionais da saúde e agentes sociais. Procurando tornar realidade o objetivo de W. Reich refletido nestas linhas:

"...o foco da nossa atenção deve ser dirigido para as crianças ao nascerem, para que possam guardar e salvar suas potencialidades ainda inatas, ajudando-as a encontrar seu caminho, pois nada pode mudar enquanto a humanidade seguir se desenvolvendo encurvada e contraída".

A doença do consumismo

"Ao buscar o impossível o homem sempre realizou e reconheceu o possível, e os que sabiamente se limitaram ao que lhes parecia o possível jamais deram um único passo à frente."

M. Bakunin

"Os animais que adquirem hábitos de apoio mútuo são sem dúvida os mais capacitados. Este é o fator orientador da evolução progressiva."

P. Krapotkin

"O único animal que não sabe qual é sua função na natureza é o humano."

W. Reich

Nos anos 30, W. Reich refletiu em sua obra a tese de que somente quando houvesse uma transformação radical nas relações afetivo-sexuais, chegaríamos a uma revolução social permanente e radical. Décadas depois, em diferentes lugares do mundo, essa tese era retomada e aplicada às distintas esferas da vida cotidiana. Foram as chamadas revoluções ocorridas em 68.

No despertar do século XXI

Os sistemas sociais vão se modificando com o tempo, não substancialmente, mas em sua infra-estrutura e por decorrência também na superestrutura, seguindo a terminologia marxista, resultando em muitas mudanças desde então. Parte destas reivindicações está inserida na mentalidade e na cultura popular, mas as essenciais ainda não foram cumpridas. Dentro destas mudanças de formato, um dos fatores que condicionam a dinâmica social e cultural da atual sociedade ocidental, como vimos anteriormente, é o consumo selvagem. Este fenômeno vai sendo gerado na massa social de certos países com conseqüências graves, tanto no âmbito econômico quanto no ecológico e no psicológico. Vemos como os governos estão cada dia mais fracos, particularmente nas sociedades latino-americanas, o que reflete cada vez mais o domínio do capital, que condiciona brutalmente os poucos governos independentes. Ou ainda pela maneira como vem crescendo o domínio das multinacionais capitalistas e dos poderosos movimentos semiclandestinos e paralelos que conduzem negócios "terroristas" e monstruosos – como o negócio das armas e o narcotráfico – condicionando drasticamente as políticas dos governos.

Mas como se mantém esta nova forma de capitalismo? Não tanto pela mais-valia dos trabalhadores como sucedia no século passado, mas sim pelos benefícios que resultam do consumo do que foi produzido, esse consumo exorbitante que nos anula e tira nosso poder de decisão. Não nos movimentamos, mudamos ou reivindicamos por querer dar pão a nossos filhos, como sucedia há um século, mas para pagar a conta da televisão, da casa, do carro. Este consumo selvagem, que obriga o homem e a mulher a trabalhar em todas as horas possíveis, sobrando pouco tempo para satisfazer muitas vezes as funções básicas, isso sem falar nas necessidades qualitativas, criativas e lúdicas... Este consumo que aliena – seguindo a tese de H. Marcuse[8] – e que nos faz perceber a realidade de uma maneira muito limitada e estática.

Mas em que se apóia este consumo, e por que consumimos desta maneira?

---

[8] Consultar suas obras como: *El hombre unidimensional*.

Para responder radicalmente a esta pergunta, temos que compreender o fator subjetivo, psíquico, que está condicionando de fato esta ou aquela ação e assim compreender o vínculo entre o sexoafetivo e o social neste fenômeno (já exposto antes).

Mesmo considerando que a influência dos meios de comunicação é cada vez mais potente, capaz de condicionar seu desenvolvimento, este poder não irá funcionar, a não ser pela peculiar situação dos receptores, condicionados pelo que Reich descreveu como neurose caracterial, que tem a função de compensar insatisfações, vazios e carências vividas ao longo do desenvolvimento infantil, levando a ter necessidade de possuir objetos de todos os tipos, de modo irracional. E. Fromm, concordando com W. Reich, trata do assunto com clareza em seu livro *Ser ou Ter*.

Por isso a sociedade de consumo se mantém e possui um futuro de crescimento, pois está apoiada em seres fracos, que precisam de líderes autoritários capazes de consumir e compensar suas carências históricas. Desta maneira, somente uma revolução sexo-afetiva – compreendida como uma série de mudanças radicais, produzidas não só nas relações adultas, (mudança de papéis, respeito, vínculo entre amor e o sexo) mas principalmente na vida infantil promovendo situações capazes de dar uma satisfação afetiva às crianças além de um processo de desenvolvimento e amadurecimento harmônico, será capaz de acabar com esta predisposição psicofisiológica consumista, com este vício.

Então apenas quando o ser humano, ao desenvolver as necessidades de sua espécie, for capaz de "consumir" o amor no momento adequado, durante sua primeira infância – através de uma vida intrauterina saudável, um parto natural, uma amamentação funcional amorosa e vivendo em uma família aberta que lhe permita reconhecer seu corpo e o dos demais, aceder ao mundo social de forma doce e rítmica, evoluir de maneira forte, com segurança pessoal, auto-estima elevada e com capacidade de independência e autonomia – só assim abandonaremos a tendência irracional da dependência dos objetos, reduzindo de maneira considerável a tendência consumista.

A responsabilidade social é propriedade de todos, e quando a pusermos em prática, tornaremos funcional a política parlamentar. Porque o que for aprovado no parlamento, terá sido previamente assumido e reivindicado pelas pessoas. Isso já ocorreu em alguns momentos históricos e é assim que deve ser, se quisermos romper a dissociação que existe entre política e vida cotidiana:

"A população trabalhadora de todas as nações deveria assumir plenamente a responsabilidade de sua existência, tanto pessoal como social. Isso requer das pessoas o exercício de suas plenas responsabilidades pessoais e sociais sem perigo para sua vida ou existência. Já que o encouraçamento crônico do organismo na primeira infância faz do animal humano um ser indefeso e inclinado a seguir os líderes ávidos de poder, a prevenção do encouraçamento a cada nova geração tem uma importância fundamental para a solução dos problemas mais complicados dos nossos tempos."[9]

Como já dissemos anteriormente, um momento histórico em que houve uma consciência social ampla a respeito desse tema, tanto na Europa como na América, foi nos idos de 68 e na década de 70. Movimentos sociais se levantaram contra o tédio, a monotonia social, o fantasma da nova guerra mundial, o ambiente de pessimismo e catástrofe, a tensão dos blocos mantidos (a guerra fria), a corrida armamentista e o poder totalitário camuflado dos governos...

Eles surgiram de maneira espontânea,[10] como um canto à vida, combinando a transgressão com a criatividade, a festa com o combate, a sexualidade com a política, a cultura e a fome de saber com as mudanças e a revolução. Nasceu uma nova "ilustração", facilitada

---

[9] Reich, W., Nuestras práxis biofísica. In: *Orgone Energy Bulletin*, 1950.
[10] Lembrando os movimentos dos agricultores da Idade Média ou tantos outros que apareceram de forma parecida ao longo da história.

em grande parte por correntes culturais, textos radicais e um momento social superado. De Berlim a Praga, passando por Bucareste e Los Angeles, pela França, pelo México e pela Espanha, se reivindicaram principalmente mudanças qualitativas e quotidianas e menos legais ou burocráticas. Foram os anos da busca de alternativas às famílias autoritárias através das comunidades, dos grafites e da arte da rua, do antimilitarismo, das revistas em quadrinhos, da reivindicação do tempo livre, do internacionalismo, do final da vida dupla, procurando mudar a si e ao entorno imediato. Foram anos de busca de novas formas de relacionamento entre o homem e a mulher, de reivindicação pelos direitos dos jovens e das mulheres, por uma maior comunicação, por uma abertura da percepção e da consciência... E o mais importante é que se reivindicavam mudanças ao mesmo tempo em que se vivia com facilidade. Assim, experimentavam comunidades autogestionadas, levaram adiante tentativas de fábricas autogestionadas, os jovens se negavam a cumprir o serviço militar, as mulheres se rebelaram contra o modelo "falocrático" e impulsionaram grandes mudanças na vida sexual e afetiva, havia uma filosofia anticonsumista e naturalista que foi denominada *hippie*, e os loucos e *loqueros* se uniam para pular e transpor os muros dos manicômios. Transcenderam raças, religiões e nações, buscando a paz, a tolerância, a harmonia, lutando como era possível, através de guerrilhas na América Latina ou com meios pacíficos em muitas cidades européias, sempre coerentes ao que era reivindicado. Ressuscitava a obra de Charles Fourier, de W. Morris, de Krapotkin, de Lao-Tse, de A. Kollontain e de W. Reich, entre muitos outros. Na Espanha foi diferente pela forte ditadura militar que nos dirigia, mas nem por isso ficamos distantes destes movimentos, na maioria das vezes vinculados à luta comum que já ocorria, para derrotar a tal ditadura franquista.

"Os dias de maio, além da violência das noites quentes, reproduzem não tanto o esquema das revoluções modernas, fortemente articuladas em torno de posturas ideológicas, como pré-figuram a revolução pós-moderna das comunicações. A originalidade de maio é seu surpreendente civismo: em todas as partes se estabelece a discussão, as pinturas florescem nas paredes, jornais, cartazes, textos se multiplicam, a comunicação é estabelecida nas ruas, nas classes, nos bairros e nas fábricas, ali, onde normalmente não ocorre. Indiscutivelmente, apesar de todas as revoluções suscitarem uma inflação de discursos, em 68 ele foi liberado de seu conteúdo ideológico; não se tratava mais de tomar o poder, de mostrar traidores, de traçar linhas que separam os bons dos maus; mas sim de reivindicar através da livre expressão a comunicação, a oposição, o 'mudar a vida', de liberar o indivíduo das mil alienações que o torturavam a cada dia, desde o trabalho até o supermercado, da televisão à universidade. Liberação da palavra, maio de 68 foi movido por uma ideologia flexível, política e convencional, *patchwork* da luta de classes e da libido, do marxismo e da espontaneidade, da crítica política e da utopia poética; um relaxamento, um romper com a padronização teórica e prática aviva o movimento, isomorfo neste sentido ao processo *cool* de personalização. Maio de 68 é em si uma revolução personalizada, dirigida contra a autoridade repressiva do Estado, contra as separações e as dependências burocráticas incompatíveis com o livre desenvolvimento e crescimento do indivíduo. A própria ordem da revolução se humaniza, levando em conta as aspirações subjetivas, a existência e a vida: a revolução sangrenta foi substituída pela revolução desamparada, multidimensional, transição acalorada entre a era das revoluções sociais e políticas quando o interesse coletivo se sobrepõe ao particular e a era narcisista, apática, sem ideologia."[11]

Muitas frases pintadas nas paredes, os *graffitti*, resumem esta filosofia, esta práxis de vida, mas há duas que a sintetizam:

---

[11] Lipovetsky, Gilles, "La era del vacío". In: *Ensayos sobre el individualismo contemporáneo (1986)*. Barcelona, Ed. Anagrama, 1994.

"A pessoa não é estúpida ou inteligente, equilibrada ou louca, branca ou negra, rica ou pobre, ela é livre ou não é" (W. Reich).

"Há mais verdade em 24 horas da vida de uma pessoa do que em qualquer tratado de filosofia" (R. Vaneigem).

Mas este movimento teve dois problemas:[12] um, o lógico e esperado, a oposição governamental e dos setores sociais reacionários; o outro, mais sutil e menos esperado, o caráter neurótico das pessoas que condicionavam as necessidades, a percepção e a atuação cotidiana. Assim, quando vivíamos em comunidades, mesmo querendo deixar de ser possessivos, repartir funções e educar nossos filhos em liberdade, apareciam nossos limites caracteriais, ciúmes, preguiça, inveja, pulsões destrutivas, preconceitos, medos.

E foi assim que a teoria de W. Reich passou a ter um papel relevante, pois foi se evidenciando que estes movimentos cotidianos e sociais não se concretizavam, apesar da vontade de todos e do acesso aos meios para consegui-lo. Passou-se a considerar a importância de "olhar o próprio umbigo", de revelar nossas armadilhas caracteriais, de vê-las como um sintoma, diferente do nosso eu, (lembrando da frase: "mata ao policial que carregas dentro") admitindo a influência que estes conceitos tiveram na criação das novas correntes da psicologia. Um dos resultados foi a importância dada à educação infantil, tendo como referência autores como A. Neill,[13] porque se compreendeu que a liberdade deve ser assumida desde o início, pois na idade adulta fica muito mais difícil vencer o pânico de ser livre,[14] buscando ir além da armadilha e da prisão do caráter, além da liberdade de expressão ou mesmo da liberdade sustentada em uma igualdade econômica.[15]

---
[12] Problemas que o movimento libertário encontrava na revolução espanhola, com suas tentativas de autogestão e de coletivos camponeses.
[13] Fundador da escola libertária inglesa Sumerhill.
[14] O livro de E. Fromm *El miedo a la libertad* está escrito retomando os princípios de W. Reich expostos em *Psicologia de massas do fascismo e foi outro dos livros mais lidos*.
[15] Para ampliar conheciemnto sobre os aspectos sociais de W. Reich ver "El pensamiento libertário en la obra de W. Reich", capítulo do livro *Cien años de W. Reich*. Valência, Publicaciones Orgon, 1997.

E talvez por estes limites caracteriais esta efervescência foi se apagando e se sustentando em êxitos políticos, legais e reivindicativos (ecologia, antimilitarismo, feminismo...) importantíssimos sem dúvida, mas deixando de lado o "espírito" motor de todos estes movimentos, inclusive determinando certa dose de decepção-acomodação em grande parte das pessoas da geração que viveu estes anos, talvez por falta de análise, ou de aceitação da realidade global.

E esssa realidade implica, como disse anteriormente, unir a revolução sexual-afetiva com a social, considerando que não é para evitar apenas o autoritarismo na família que insistimos em estruturas autônomas e livres, mas também para evitar equívocos sobre educação e liberdade. Isso resulta, por um lado, do fato de não vermos o crescimento como uma evolução contínua e, por outro, do ofício de ser pai ou mãe responsável, neste sistema social ser tarefa difícil e estar desvalorizada. Deveríamos fazer um estandarte desta tarefa, vê-la mais como uma práxis política, além de nos conscientizarmos de que com nossas atitudes, nossa capacidade de amar, nossa presença cotidiana, estamos dando as bases para que as pessoas do futuro percebam a realidade de outra maneira, mais de acordo com as leis da natureza, buscando a felicidade e a harmonia do vivo. Garantindo assim, as bases para um movimento ecológico profundo e global.

Com esta dura tarefa cotidiana há outros elementos a acrescentar para que possamos sentir nossa força, se soubermos usá-los coletivamente. Porque, por mais poderoso que seja o Golias de plantão, ele sempre terá um ponto fraco. Basta saber buscá-lo. Neste momento, juntamente com as reivindicações locais e nacionais, devemos traçar estratégias de atuação internacionais, em escala mundial, pois tudo converge para isto (os meios de comunicação, a política monetária, a expansão de novos povos, – como o caso da China – os perigos ecológicos da nossa mãe Terra...). Os movimentos parciais ou locais não bastam: é necessário desenvolver uma consciência coletiva global.

Por exemplo, voltando ao tema consumo: o que aconteceria se, num momento determinado – como algumas vezes foi tentado com os melhores e os piores resultados, em larga escala e em âmbito internacional –, deixássemos de consumir um determinado produto, de uma determinada marca em um momento específico? Não para destruir o produto, mas para que a multinacional fosse forçada a realizar nossas exigências. Quais? Imaginemos que durante uma semana, ou durante o tempo necessário, toda a Europa deixasse de consumir *Coca-Cola* e que disséssemos à multinacional que apenas voltaríamos a consumir a bebida se exercessem uma pressão junto ao governo dos EUA para criarem um decreto de lei que anulasse, por exemplo, a fabricação das armas químicas. O que aconteceria? Os operários deixariam de receber, se rebelariam, as perdas da multinacional seriam incríveis e a balança comercial iria pender para outras marcas de bebida. A empresa teria que se mobilizar, fazer novos pactos políticos e pressionar. Esta atitude seria bem eficaz, sem contar os efeitos de um tipo de pressão em uma fábrica de um tabaco determinado, deixando de fumar, dando uns 8% de benefícios para pesquisas, por exemplo, sobre técnicas de desenvolvimento da energia solar ou alternativa... Inclusive a hipótese de que, deixando de consumir cocaína ou heroína, com a liberação legal da droga, estaríamos propondo a única maneira de acabar com o narcotráfico.

Esta práxis teria conseqüências inacreditáveis. Abordar com estas táticas a influência sobre os meios de comunicação, poder dispor de meios alternativos, espaços onde se possam levar novas formas de pensar, expondo realidades ocultas. Para conseguir esse feito também poderíamos fazer pressão, por exemplo, deixando de ver um programa determinado ou mesmo um canal, enquanto se negocia com os diretores para recuperar o nível de audiência desejado.

A possibilidade de criar redes, – com o apoio das novas tecnologias "internáuticas" que permitem o contato direto imediato entre pessoas de diferentes lugares do mundo – permitindo a colaboração de organizações políticas, sindicatos, associações de bairro, consumidores, ecologistas, feministas, profissionais, que unidos lutassem para conseguir estes objetivos comuns, criando um fato autenticamente revolucionário. Estas são algumas das ferramentas que temos a nosso alcance e que refletem a outra face da moeda que representa o poder atual. Poderíamos utilizá-las facilmente, sem grandes desgastes, mas deveríamos contar com uma capacidade de organização, solidariedade e apoio mútuo bastante difíceis de conseguir neste momento, pois requerem um nível de despojamento de certos traços psicológicos e pessoais, por exemplo, a necessidade quase vital do consumo: seria viável nos privarmos do tabaco, da *Coca-Cola* e da televisão???

Talvez não por ora, mas no futuro isso será possível se formos nos transformando através de dinâmicas educativas e culturais, capazes de modificar o aspecto subjetivo e até mesmo o psiquismo.

É por isso que o discurso de Reich segue sendo atual, porque analisa e expõe meios para descobrir o vínculo entre o subjetivo e o objetivo, entre o pessoal e o cotidiano, entre o político e o social. Ele é o único modelo psicológico que fornece esta perspectiva. E não é um discurso pessimista, pois partimos do entendimento básico de que a crise é válida e necessária, e que devemos assumir os limites e a realidade das coisas para podermos a partir daí, transformá-las.

Houve mudanças desde maio de 68 até agora. Atualmente há mais condições para mudar o rumo das coisas, há uma maior fonte de informação, o que antes não existia (ou era proibido). Ainda não existe liberdade autêntica, ou os meios para consegui-la; para isso é preciso poder eleger, e nem todos podem, não com as mesmas possibilidades.

Mas há certas liberdades políticas que devemos aproveitar para reivindicar as mudanças necessárias, capazes de transformar nossa vida cotidiana, estabelecendo as bases para uma verdadeira mudança na percepção, nos alinhando com o novo paradigma da ecologia global.

Agressividade, sadismo e impulso amoroso no processo de crescimento

"*Uma educação só pode se considerar humanista se, ao invés de cultivar os mitos que desumanizam o homem, procurar o caminho do confronto com a realidade. Confronto no qual o homem possa ir descobrindo sua real vocação: a de transformar o mundo. Se ao contrário, a educação enfatiza os mitos e aponta para o caminho da adaptação do homem à realidade, ela não pode disfarçar seu caráter desumanizador*".

Paulo Freire

"*Atualmente deposito minha confiança na liberdade; a liberdade dá bons resultados em todos os casos, mesmo que não seja totalmente terapêutica para as crianças que são órfãs de amor na primeira infância... A liberdade não se conquista com palavras, mas com atitudes. A melhor forma de curar uma criança que deseja romper janelas consiste em achar graça, rir e ajudá-la a demolir os vidros*".

A. S. Neill

"*Nós, seres humanos modernos, vivemos numa cultura de desconfiança e controle. Não temos confiança em nossos filhos, na inteligência que possuem como seres sociais biologicamente capazes de viver em qualquer cultura que não os destrua antes da sua reprodução. Como não confiamos em nossas crianças, como seres socialmente inteligentes, passamos a negá-los continuamente, controlando-os e exigindo que se rendam diante da nossa*

No despertar do século XXI

vontade, pela autonegação e pela obediência. Pelo fato de não respeitarmos nem confiarmos em nossos filhos, não os escutamos e passamos a atuar como educadores, desejando apenas sua submissão às normas e exigências da comunidade em que vivem, sem que sejam responsáveis pelo que fazem".

H. Maturana

No início do século XX, havia diferentes considerações sobre as bases biológicas e psíquicas da violência no ser humano, mas só posteriormente se investigou melhor sobre o tema. Alguns pensadores afirmavam que havia uma parte sádica presente na natureza do ser humano, porém a corrente marxista mantinha a teoria da destrutividade-sadismo como produto das condições econômicas, às quais a pessoa estaria submetida, pelo sistema social vigente. Por outro lado, nos textos libertários de Krapotkin ou Bakunin se encontrava a afirmação da predominância de uma tendência ao amor, à solidariedade e à construtividade no ser humano, de modo que todas as demais manifestações de violência eram conseqüência das pulsões negativas geradas pela miséria e pela cultura dominante.

Mas apesar destas considerações, a realidade observada no cotidiano era uma manifestação permanente das pulsões sádicas da pessoa, e nelas o sadismo humano aparecia em suas múltiplas facetas. Na mesma época, Freud chegou a modificar sua incipiente "teoria da libido" que se referia aos instintos básicos humanos, em que a sexualidade surgia como a força motriz do desenvolvimento do amor (*Eros*) juntamente com o instinto de autoconservação, para modificá-la com o tempo chegando a afirmar que o amor tem a contrapartida instintiva da tendência de morte (*thanatos*). Freud se apoiava na impossibilidade da transformação de hábitos, basicamente do tipo masoquista, de alguns pacientes. Essa tendência – denominada por Freud "compulsão de repetição" – descrevia a repetição de ações e pulsões, que mesmo sabedoras do mal que fazem e do quanto prejudicam, não se conseguem modificar com a técnica psicanalítica.

Até 1927, W. Reich mostra a diferença entre agressividade, destrutividade e sadismo, afirmando que para se chegar ao chamado instinto amoroso, capacidade de amor, em sua vertente social tendência à solidariedade e ao apoio mútuo – seguindo os libertários – é necessário que exista a capacidade de agredir, conceito vinculado à libido e ao instinto básico de vida. Em outras palavras, a força necessária para reivindicar e acessar o que queremos satisfazer para manter a harmonia vital. Agressividade, portanto, não era sinônimo de destrutividade, mas sim o aspecto fundamental para desenvolver o instinto:

"É sinônimo de reivindicação ativa e faz parte de um comportamento saudável. A destrutividade implica na eliminação de um objeto perigoso, vivido como um obstáculo e quando não há uma base biológica instintiva, se torna irracional e neurótica. E o sadismo é vivido como uma ação cruel-destrutiva, fruto de uma excitação sexual bloqueada... assim como o masoquismo, que é sempre uma manifestação destrutiva dirigida ao 'outro', sendo que ambos são fenômenos sociais patológicos, sem uma base biológica".[16]

Reich demonstra em seus artigos que desde o princípio da vida o ecossistema humano inibe a agressividade. A criança sente que sua capacidade de reivindicação vai sendo sufocada de modo que seu impulso vai se enfraquecendo, o contato com algumas necessidades básicas vai se reduzindo e como conseqüência seu ritmo biológico vai se alterando. Isto implica a perda progressiva da força para mostrar e canalizar o instinto, razão pela qual o biossistema vai ficando nulo e bloqueado, resultando num excedente pulsional que exige saída e, na impossibilidade, provoca frustração e um potencial destrutivo que irá aflorar sutilmente, quando as circunstâncias permitirem, ou de maneira sádica, violenta, quando as dinâmicas descritas forem extremas, nos casos de psicopatias.

---
[16] Reich, W., "Contención sexual, agresión, destrutividad y sadismos". Cap. 7 de: *A função do orgasmo* (1927) Ed. Farrar, Status, Giroux.

No despertar do século XXI

O sadismo do animal humano pode se desenvolver em circunstâncias onde não se encontrem justificativas possíveis, o que nos mostra que não podemos comparar a atuação da violência humana com a de qualquer outro animal. O animal não humano mata para sobreviver, o humano desenvolve o sadismo como expressão de sua pulsão sádica destrutiva. Só é possível compreender os atos de sadismo humano pela ótica da irracionalidade. Muitas pessoas, com um tipo comum de defesa extrema, não têm contato com o que fizeram e depois de levar a cabo um ato destrutivo e sádico, no momento em que forçamos sua memória, não reconhecem a autoria dos seus atos. Esse comportamento é muito comum em situações bélicas. Existem outras defesas, com as quais justificamos nossas ações sádicas, em que a lógica objetiva, capaz de orientar o comportamento humano, está completamente ausente.

Com as crianças (como organismos ainda frágeis) se concretizam essas ações de maneira mais sutil e sofisticada, sem perder o caráter de manifestações de sadismo.

Do ponto de vista clínico, o sadismo responde a uma lógica e a uma necessidade de liberação da pressão a que a própria pessoa se vê submetida devido à sua própria carga de destrutividade. Manifestamos a violência e o sadismo porque, do contrário, nosso próprio equilíbrio se enfraqueceria, chegando a um extremo e perigoso nível de auto-agressão, partindo da compreensão de que o sadismo e o masoquismo compõem uma unidade em sua manifestação.

Isso é mais facilmente observado ao longo do processo da vegetoterapia caracteroanalítica, metodologia clínica desenvolvida por W. Reich à luz da psicanálise. Em certos momentos do processo as pulsões destrutivas emergem com muita intensidade, na maioria das vezes associadas a lembranças, que foram reprimidas em determinados momentos da vida da pessoa, principalmente durante os períodos oral, anal ou edípico, e associadas à repressão das emoções e necessidades, à carência das mesmas ou ainda aos castigos diretos a que foram submetidos, sem nenhuma possibilidade de defesa ou resposta.

Dependendo do tipo de caráter, encontraremos componentes vinculados à inibição da pulsão agressiva, principalmente a culpa e o medo do julgamento. Tudo isso vivido como produto da introjeção negativa do que seja expressão e manifestação de agressividade, já que ao longo dos anos fomos aprendendo a não expressá-la. Passamos a interiorizar o discurso da repressão e da censura externa, associando-o com nosso corpo, resultando no que Reich chamava de perda de contato.

Por isso, consideramos que o sadismo não é inato, mas sim uma manifestação que tanto surge em circunstâncias irracionais quanto em outras com justa causa, e se desenvolve no interior da pessoa cheia de rancor e frustração, conseqüência de circunstâncias vividas na infância. A competição selvagem, a ambição, o consumo alienante, o sadismo físico para com a mulher ou os filhos, além da psicopatia, surgem como resultados da história infantil, associada às circunstâncias sociais e econômicas que existiam nestes momentos, o que se percebe não apenas através do conhecimento da história infantil onde os ecossistemas humanos não eram violentos e se traduzem em agressividade sem sadismo, mas também pela exploração profunda que fazemos do inconsciente e das emoções por meio da psicoterapia mencionada – a vegetoterapia caracteroanalítica –, onde se pode melhor compreender a lógica irracional que regula o sadismo, o masoquismo e sua funcionalidade caracterial.

Observando a emergência da capacidade de agressão e a recuperação da dinâmica inata e instintiva vinculada aos sentimentos amorosos que surgem quando tais pulsões destrutivas foram canalizadas e devidamente elaboradas ao longo do processo psicoterapêutico, podemos ver como a pessoa, tanto através da relação terapêutica em seu aspecto transferencial, quanto através do contato e da sua expressão emocional, deixa emergir o sadismo, que canalizado terapeuticamente pode levar à recuperação da sua capacidade de amar.

No nível social existem mecanismos que permitem manter certo equilíbrio das dinâmicas pulsionais, aproveitando certas circunstâncias socialmente aceitas para descarregar parte desta pressão destrutiva à qual o biossistema se encontra submetido: são as catarses coletivas das festas (futebol, touradas, festas ritualísticas em geral...). Por isso, costumamos dizer que a estrutura social dispõe de mecanismos de defesa similares aos da nossa própria estrutura, constatando, mais uma vez, as semelhanças funcionais que existem entre os vários sistemas. Da mesma forma, o sonho seria considerado um mecanismo catártico individual e o futebol um mecanismo de catarse social.

O grande drama do humano reside no fato de vivermos em uma sociedade que perdeu sua funcionalidade, a consciência do "para quê", de onde surge a confusão, a necessidade de estabelecer códigos, modelos e métodos, e a decorrente necessidade de desenvolvermos uma educação compulsiva capaz de preencher este espaço vazio. Desde o princípio da vida nos defrontamos com a tendência a inibir as manifestações inatas infantis buscando uma adaptação normativa e uma acomodação ao ecossistema humano. Este mecanismo de adaptação é fundamental para o entendimento das manifestações destrutivas. Adaptar-se significa, na maioria das vezes, separar-se da natureza, considerando que em tal separação está implícita a contenção e a frustração de pulsões que se convertem em forças reprimidas, passando com facilidade do tom agressivo ao destrutivo. Perde-se a capacidade de agredir, além de afugentar a capacidade de recuperar o próprio espaço e de exercitar a expressão. Quanto mais culpa, mais auto-agressão, mais masoquismo e menores e mais sutis mostras de sadismo. Por outro lado, quanto menos auto-agressão, ou melhor, quanto menor for o masoquismo, mais diretamente surge o sadismo. Esta será basicamente a diferença entre os traços de caráter definidos como fálico-sádicos e os masoquistas.

Como alternativa educacional e relacional, defendemos a definida por W. Reich e A. S. Neill como "teoria da auto-regulação" que afirma a necessidade de deixar o biossistema levar seu próprio ritmo desde a vida fetal, expressando suas necessidades, sabendo entendê-las e suprindo-as com os meios que garantam sua satisfação. Desta maneira, o organismo poderá amadurecer em contato com suas necessidades, mantendo equilíbrio com as exigências sociais. Porém esta alternativa é bastante complexa, entre outras coisas, porque os ecossistemas humanos que interagem com o biossistema infantil durante o processo de maturação ou ontogênese, são múltiplos e difíceis de harmonizar (família, escola, turma de amigos, meios audiovisuais...) produzindo, na maioria das vezes, mensagens contraditórias entre si, que resultam em uma alternativa global, de responsabilidade do coletivo, resultado da soma dos sistemas que compõem a estrutura social.

Também é importante destacar que a auto-regulação[17] está enraizada nessa interação sistêmica e por isso, seja qual for nossa atuação, estaremos influindo no desenvolvimento do novo ser. Citando mais uma vez F. Capra, lembramos que:

> "A auto-regulação emergiu talvez como o conceito central da visão sistêmica da vida e da mesma forma que os conceitos de retro-alimentação ela está intimamente ligada ao conceito de rede. O padrão da vida é um padrão capaz de se auto-organizar. Isso é simples, mas está baseado nos descobrimentos da mesma vanguarda científica".

Por isso, devemos nos aproximar para entender as necessidades do bebê. Principalmente a mãe deve cumprir com essa função tão importante nos primeiros meses de vida, pois dispõe da capacidade de metacomunicação com o bebê, devido à intercomunicação energética que já existia entre eles, desde o período intra-uterino, quando os dois organismos viviam em uníssono. Mas esta comunicação também pode se realizar com demais pessoas que mantenham um vínculo amoroso com o bebê.

Com freqüência, as mães iniciantes sofrem de ansiedade excessiva pelas pressões sociais a que estão submetidas, pois recebem informações diferentes e contraditórias a respeito dos cuidados com seu filho/a, vindas da sua mãe, da amiga, do psicólogo... Acredito que a

---

[17] Tamém podemos considerar uma "autopoiese expansiva".

mãe, ou sua substituta, deva tentar se guiar pela comunicação que possa estabelecer com o bebê, procurando não perder o contato, ainda que possa ouvir todo tipo de opinião. O mais importante é que a mãe recupere o "instinto materno" que lhe permite exercer a função de mãe sem pensar ou se guiar por esta ou aquela teoria médica ou psicológica. O que resulta em uma tarefa difícil, pois a educação recebida limita nossa percepção intrapsíquica e empática, e nos conduz para a aceitação de "normas" ou a optar por indicações da "autoridade".

Diante desta realidade, é fundamental que contemos com certa capacidade crítica, capaz de nos fazer analisar o exterior do ponto de vista da coerência entre as normas e os objetivos a cumprir. Assim, por exemplo, é evidente que se queremos que o bebê durma desde os primeiros dias em seu berço várias horas seguidas e que vá deixando a suposta dependência do peito por uma suposta autonomia, há que deixá-lo chorar sem fazer nada para evitar, com o objetivo de que "se acostume", "para seu próprio bem". Se o que buscamos é que siga seu ritmo biológico e vá progressivamente alcançando sua autonomia, de maneira rítmica e sem violência, atenderemos ao choro do bebê, tentando compreender sua linguagem expressiva e atendendo a seu pedido de contato. Ambas as estratégias têm aparentemente o mesmo objetivo, mas com enfoques totalmente distintos: a primeira considera o agente externo como o que deve condicionar o ritmo e o crescimento do bebê, sem levar em conta a importância da "linguagem" infantil, enquanto a segunda, desde o princípio, leva em consideração o novo ser, seu ritmo, suas necessidades e confia na sua natural auto-regulação. Percebemos então que a diferença básica está na concepção do biossistema humano e no processo de sua maturação. A primeira é claramente autoritária, a segunda, ecológica,[18] integradora e solidária.

---

[18] A ecologia – do grego *oikos* (casa) – é o estudo do lar Terra. Mais concretamente, é o estudo das relações que vinculam todos os membros deste lar Terra. O termo foi cunhado em 1866 pelo biólogo alemão E. Haeckel, que a definiu como "a ciência que estuda as relações entre o organismo e o mundo exterior que o rodeia" (Do livro de Capra: *A trama da vida*).

"Sem ter que esperar que a sociedade mude, podemos nos comportar de maneira correta com nossos bebês, dando uma base pessoal sólida, que lhes permita enfrentar qualquer situação que encontrem. Ao invés de privar-lhes do necessário, deixando apenas uma das mãos para enfrentar o mundo exterior, pois a outra permanece ocupada com conflitos interiores, podemos estruturá-los deixando ambas as mãos livres para que possam melhor enfrentar os desafios exteriores".

"Tão logo possamos reconhecer as conseqüências resultantes da forma pela qual tratamos os bebês, as crianças, aos outros e a nós mesmos, e tenhamos aprendido a respeitar a verdadeira natureza de nossa espécie, iremos descobrir muito mais recursos que garantam nossa capacidade de bem-estar".[19]

Nesse sentido, destacamos a importância da relação mãe-bebê (ou substituto/a) considerada fundamental, ou ainda a do acompanhante (pai ou substituto) que pode contribuir para o equilíbrio necessário nos momentos em que a pressão externa é muito forte e se percebe que a participação cotidiana como substituto temporal da função materna também é fundamental. Em geral, o pai se sente deslocado e marginalizado com a chegada do bebê, considerando que antes do nascimento, a relação era formada apenas por ele e sua companheira. Com a chegada do novo ser, o terceiro elemento, inconscientemente aparecem pulsões de abandono e uma possível crise, após o nascimento do filho, pois não houve uma introjeção adequada do espaço do novo "inquilino". Quando isso acontece a mãe se sente sozinha e diante de um importante conflito, o que vai aumentar a tendência de perda de contato com o bebê, e, portanto, o equilíbrio ecológico intersistêmico.

Devemos considerar que, em função do processo de crescimento e das diferentes necessidades do biossistema apoiado em seu momento cronológico, a resposta será diferente e a capacidade de ges-

---

[19] Liedloff, J., *En busca del bienestar perdido* (*The continuum concept*).

tão por parte da criança cada vez maior, refletindo sua autonomia consistente e permanente.

Neste sentido, quando encontramos bebês que se expressam, geralmente como "bons meninos", "é tão quietinho", "dorme noite e dia" é um sinal de que este bebê não tem a capacidade de agredir. Aconteceu alguma coisa com este organismo que lhe tirou a capacidade de expressar suas necessidades (dormir é uma necessidade parcial, não total) de explorar o entorno, de movimento, de amadurecer a dicção, de motricidade... Para tanto, é necessária uma grande energia capaz de levá-las a cabo, que ainda existe se o impulso não foi perdido ou se as funções instintivas não foram inibidas. Se foram inibidas, está em curso um processo que predispõe à resignação.[20] Podemos saber quando uma criança perdeu a capacidade de se expressar, de se mostrar, assim como evitar que isso aconteça.

Outros conflitos vinculados à agressividade surgem quando a criança começa a se separar da relação materna, e se integra à família e a outros sistemas sociais com valores, pontos de vista e maneiras de conduta capazes de se chocar com as que interiorizou. Neste momento devemos facilitar o conhecimento da realidade e da compreensão de seu funcionamento para que possa ocorrer um equilíbrio entre sua realidade interna, baseada no desenvolvimento de suas necessidades psicoafetivas e a realidade externa, normativa. Desta maneira, estaremos evitando a criação de dinâmicas que predispõem à confusão por refletir dentro da família uma forma de vida que não corresponde à do exterior.

Por exemplo, a criança que é respeitada no contato com seu próprio corpo no ambiente familiar, deve saber que outros espaços não o permitem, para que não tenha a surpresa ou se sinta como o "diferente". Da mesma forma, suas exigências devem se harmonizar com as necessidades "do outro", pois já pode e deve ver, tanto os pais quanto os irmãos e outras crianças... Pode esperar que seu pai ou sua mãe

---

[20] Para mais dados a respeito, ver Pinagua, M. e Serrano, X., *Ecologia infantil y maduración humana*. Valéncia, Publicaciones Orgon, 1997.

termine uma tarefa para que satisfaçam suas necessidades, por exemplo. Desta forma, vai assumindo seu próprio espaço no mundo e no coletivo. Observando que o que não é funcional num determinado momento do desenvolvimento, pode sê-lo em outro.

Por essas razões eu acredito que a função dos pais e dos educadores seja política, podendo manter-se totalmente estática e conservadora, ou ser revolucionária. Porque se somos capazes de transmitir de forma coerente a força do vivo, estaremos facilitando os meios para seu crescimento psicoafetivo, permanecendo próximos durante sua entrada no espaço social e assim estabelecendo as bases para o desenvolvimento de biossistemas que tenham uma identidade egóica forte, existencial e ontologicamente falando, e desta forma se constituirão em pessoas comprometidas com o coletivo em sua própria busca de prazer e felicidade, capaz de conduzi-los a lutar pela de todos.

Porém devemos lembrar que vivemos uma educação castradora e por isso temos nossa carga de frustração e de sadismo contido, razão pela qual é muito difícil não passar esta carga a nossos filhos. Como evitar? Em primeiro lugar, é preciso fazer um questionamento permanente de nossas atitudes. Não se trata de viver buscando a culpa. Nosso questionamento passa pelo próprio processo de análise, ou seja, pelo se permitir pensar nas próprias ações sem que devam ser *a priori* culpabilizadas ou culpabilizadoras. Nós nos comunicaremos com o casal, com os amigos, para ir oxigenando o circuito clandestino que estrutura a família, tentando estabelecer relações de um ponto de vista em que as coisas possam ser vistas, discutidas e naturalmente, questionadas. Iremos avaliando as ações que levamos a cabo em função da resposta do outro – neste caso, a criança –, diante de nosso comportamento. As crianças dão a chave para sabermos se entenderam ou se já estamos ante uma criança que possui uma receptividade normativa e limitada.

Também é muito importante que a partir de dois anos, aproximadamente, o núcleo familiar vá se abrindo para o exterior, aumentando o seu círculo de relações e interagindo com outras famílias. Desta forma, a criança tem a possibilidade de conhecer outras atuações na vida cotidiana, outras respostas, outros costumes e vai progressivamente se sentindo com uma maior capacidade de atuar por si mesma, criando pequenos grupos em que irá desenvolvendo sua primeira socialização, através da qual levará o "outro" em consideração, podendo assim ir tomando consciência do coletivo e da gestão das próprias necessidades com relação às dos demais, assumindo seu espaço pessoal, respeitando e tolerando o espaço do outro. Sendo também um lugar onde já se observa claramente a diferença entre agressividade e destrutividade na maneira de reivindicar e defender o que é seu e de pedir e manifestar suas necessidades. Podemos observar que, geralmente, a criança que viveu ou está vivendo conflitos em seu núcleo familiar – principalmente com a figura de referência importante nesta etapa, que é a materna, seja pela falta de vínculo amoroso, por um desmame brusco, uma ausência prolongada, etc. –, só vê a si mesma e às suas próprias necessidades, mostrando atitudes sádicas e violentas diretas ou encobertas. Batendo, mordendo, tirando os brinquedos de outra criança e olhando calmamente como chora... Ou mesmo tendo uma mínima capacidade de resposta social refletindo sua limitada capacidade de agredir. Mas, pelo contrário, a criança que não viveu nem vive sérios conflitos durante esta primeira etapa da vida, é capaz de expressar suas necessidades com força, sensibilidade e sem raiva, podendo defender seu território sem medo, mesmo que a princípio, geralmente sempre mostre surpresa e falta de jeito diante da raiva e da invasão violenta a seu território. O adulto, nestes casos, deve se limitar a explicar o que está ocorrendo, sem interferir, a não ser que exista uma situação perigosa, evitando assim a excessiva proteção e paternalismo, capaz de anular sua capacidade de agressão e, portanto, sua auto-afirmação progressiva. Desta maneira, fica sendo o espaço social o lugar onde progressivamente irá viver suas necessidades lúdico-sexuais, prevenindo a excessiva fixação às figuras parentais e o desenvolvimento do que Freud chamou de "dinâmicas edípicas", núcleo importante de atitudes e tendências neuróticas que irão se concretizar de maneira sintomática a nível sexual e caracterial, na idade adulta.

W. Reich, em sua época de psicanalista, nos anos 30, analisava assim:

"Conceber o complexo de Édipo como algo eterno significa supor que a forma da família atual, onde se origina, é eterna e absoluta e que a natureza do homem é tal e qual a concebemos agora. O complexo de Édipo é comum a todas as formas de sociedade patriarcal, mas segundo as pesquisas de Malinowski, a relação entre as crianças e os pais é tão diferente na sociedade matriarcal que já quase não merece este nome. Segundo este autor, o complexo de Édipo é um fenômeno determinado pela sociedade e sua forma se modifica quando se modifica a estrutura social. O complexo de Édipo deve desaparecer na sociedade socialista, porque nela sua base social, a família patriarcal, perde sua razão de ser. A educação coletiva e planificada na sociedade socialista não admitirá atitudes como as que atualmente se formam na família, e a relação das crianças com os educadores será tão rica e variada que a relação que é designada com o nome de 'complexo de Édipo', que significa desejar a mãe e o afã de matar o pai como rival, perderá seu sentido. É uma mera questão semântica chamar ao incesto real, tal como existia nos tempos primitivos, 'complexo' de Édipo, ou reservar este nome para o incesto negado e a rivalidade com o pai; isso nos revela que a vigência de uma das teses básicas da psicanálise está limitada a certo tipo de sociedade, sendo ao mesmo tempo a caracterização do complexo de Édipo um fenômeno determinado socialmente, em última instância determinado pela economia".

No livro *A cultura underground*, encontramos o seguinte trecho:

"Na base da experiência comunitária está nossa vontade de evitar, de maneira criativa, os desastres psicológicos próprios, tanto dos pais como dos filhos, de experimentar um novo conceito de solidariedade, apoio e amor recíproco, e de criar uma estrutura alternativa sobre bases econômicas não tradicionais. Neste sentido, seria fundamental a função da comunidade na educação dos filhos. A abertura do mundo infantil, que já não fica limitado ao horizonte fechado e muitas vezes árido dos pais; o contato constante com outras crianças de sua idade e a possibilidade de brincar, descobrir e crescer junto a eles; o exemplo que já não procede unicamente do pai ou da mãe, mas de indivíduos diferentes por sua mentalidade, personalidade e interesses (evitando desta maneira a fixação infantil sobre um ou outro progenitor, fixação que – se não está totalmente superada – é a base de tantas neuroses e dificuldades de adaptação); a possibilidade de superar facilmente inibições sexuais graças ao contato desde os primeiros anos com crianças do outro sexo 'o jogo heterossexual na infância é a via mestra para uma vida adulta sexual saudável e equilibrada'. A. S. Neill; e como resultado, uma aproximação aos jogos eróticos infantis, à masturbação, etc., totalmente aberto, sincero, livre de neuroses ou repressões; a ausência de tensões entre pais e filhos, visto que, desde o momento em que se apresentam, são praticamente assumidas por toda a comunidade; a separação precoce da criança de qualquer laço de dependência com os pais, e o desaparecimento de atitudes autoritárias por parte destes e a conseqüente eliminação das personalidades submetidas, não criativas, inclinadas à adoração dos chefes, masoquistas, que são em geral o resultado da educação repressiva da família burguesa; uma maior autonomia dos pais, tanto no sentido criativo como no econômico, a partir do momento em que os filhos são assumidos por toda a comunidade e já não estão exclusivamente a cargo da mãe, obrigada deste modo a não ser a 'dona de casa'; a rejeição da 'divisão do trabalho' no interior da comunidade que tira da mãe o papel de 'quem se ocupa dos filhos' e do pai 'o que trabalha'; os dois podem tornar-se independentes e capazes de trabalhar e, portanto, de contribuir economicamente para a vida da comunidade, expressando de maneira mais livre a própria criatividade;um aprendizado muito mais rápido por parte da criança da linguagem, ao entrar em contato com um universo vasto e variado, tanto de adultos como de crianças;o conhecimento muito mais instintivo, saudável e imediato do mundo sexual adulto e a eliminação dos complexos e bloqueios histéricos tão freqüentes no indivíduo de origem burguesa, para qual as fobias ao desnudamento dos pais, os temores do sexo, o mistério com que permeiam as relações sexuais dos adultos em particular, são as causas mais freqüentes de uma vida infeliz e insatisfeita,não só do ponto de vista sexual (mito da virgindade, mito do poder, mito da mulher que se usa fisicamente e da que (amar/casar-se) se entrega para casar, mito da 'função caseira' da mulher, etc.). Apenas para enumerar alguns dos aspectos positivos da experiência comunitária, fundamentais – em âmbito individual – para a felicidade e potencialidade de cada um e de seu círculo afetivo e social. Ao mesmo tempo, o reconhecimento de que homem e mulher não são necessariamente monogâmicos, premissa básica para a sociedade capitalista, capaz de abrir um novo e importante universo afetivo para a idade adulta".[21]

É interessante lembrar que a partir dessa fase, quando se sinta mais estimulado para as atividades sociais, em princípio durante a chamada primeira escolaridade, ao redor dos três, quatro anos, se queremos respeitar seu ritmo biológico, devemos facilitar mais a relação com o pai ou o substituto masculino, deixando de passar despercebido para ser cada vez mais solicitado e procurado, enquanto a solicitação da figura materna vai diminuindo. Este passo é muito importante, porque se a figura paterna responde e estimula essa solicitação, a criança tem a possibilidade de superar a fase oral e seguir seu processo de amadurecimento em direção a uma maior integração de funções e a uma socialização que se descreve em psicologia dinâmica, como genitalização ou genitalidade. É o momento em que a identidade sexual vai se afirmando, ao poder introjetar harmonicamente ambas as figuras parentais, facilitando a polaridade neuropsíquica e energética.

---

[21] Reich, W. *Materialismo dialéctico y psicoanálisis* (1932) Ed. Siglo XXI.

No despertar do século XXI

Temos a oportunidade de apresentar, na atividade cotidiana, uma atuação funcional, onde os papéis se tornam obsoletos e o pai ou referente masculino seja forte, mas também sensível e terno e a mãe possa ser sensual e sensível, mas também forte, racional e autônoma. E principalmente onde os afetos possam ser mostrados e a realidade não seja escondida de modo que a criança possa nela participar, à sua maneira e com seu ritmo. Essa é a forma mais radical de estabelecer um processo de identidade[22] e de segurança existencial e psíquica, sustentada pela capacidade de agredir e pela ausência de sadismo.

Lembremos o vínculo entre identidade e sistema imunológico: "O processo imunológico, assim como outros mecanismos homeostáticos, tem como finalidade manter a identidade do corpo". Ou seja, a mesmidade.* Portanto, nos encontramos aqui – e por isso concedi tanto espaço para a exploração sumária da grande atividade realizada, de maneira revolucionária, no campo da moderna imunologia – com o mesmo problema central que há na "defesa da mesmidade", que seria o capítulo chave da construção da personalidade. Ambas dizem respeito ao problema que intrigava Burnet e Fener, de como o sistema imunológico pode discriminar o que é próprio do que não é (problema que tem seu paralelo no campo emocional e psíquico: como diferenciar o que é minha mesmidade das influências que os outros exercem sobre ela?) revelando que a propriedade imunológica e a imunidade psicológica dizem respeito a um dos maiores mistérios da biologia. E, naturalmente, do ser humano. São, assim, peças-chave da patologia psicossomática.

Não esquecendo que em muitos momentos, a criança, diante da destrutividade pontual que possa viver no ecossistema social (grupo infantil, escola...), terá a necessidade de descarregar a tensão acumulada em um espaço do núcleo familiar, que seja permissivo e toleran-

---

[22] Carballo, R., *Medicina psicossomática*. Ed. Desclee de Brower, 1980.

* Sinônimo de hecceidade: "caráter particular, individual, único de um ente, que o distingue de todos os outros; ecceidade, ipseidade. O termo foi recuperado no século XX pelo heiddeggerianismo" (Dicionário Howaiss da língua portuguesa). (N.R.)

te, onde possa refletir momentos de irracionalidade, raiva, descarga muscular e motriz... E é muito importante que essas atuações sejam toleradas e que se possa ajudá-los a canalizar estas tensões pontuais, tomando consciência delas, elaborando os motivos depois da expressão muscular, facilitando assim seus processos de auto-regulação.

Com esta segurança e respectiva auto-estima, pode-se prevenir o desenvolvimento de biossistemas frágeis e dependentes de "peitos" ideológicos, de "peitos" pátrios de "peitos" nacionalistas, de "peitos" líderes, de "peitos" do consumo selvagem. Todos os "peitos" que fazem parte e estruturam a base psicológica do capitalismo selvagem em que vivemos nesta sociedade atual, tal como já havíamos analisado no ensaio anterior.

Por isso, só desenvolvendo nossa capacidade de agredir poderemos mudar esta situação, com a força do amor e a busca da felicidade e liberdade, e para tanto, somos nós pais e educadores que possuímos a chave e a responsabilidade que permitem às crianças do futuro crescer com a capacidade de transformar o mundo, ou pelo contrário, desenvolvendo frustrações e vazios que provoquem carências e desespero, para tentar compensar este sofrimento com dinâmicas baseadas no sadomasoquismo e na violência, cultivadas pelas sociedades que possuem o gérmen fascista em desenvolvimento. Por isso, insisto uma vez mais em dizer que uma gravidez desejada; um parto sem violência; uma fase oral prazerosa em que haja satisfação de suas necessidades epidérmicas, afetivas e sexuais; um ambiente afetivo e lúdico, que seja permissivo; uma autoridade funcional que permita compreender a realidade colocando os limites racionais diariamente; uma relação com a criança baseada na transparência, na sinceridade, com a ausência de mensagens ambíguas, na coerência entre o que se diz e o que se faz, mais outros elementos, compõem a base para o desenvolvimento sadio da agressividade, garantindo que a destrutividade não encontre razão para existir.

Por isso temos que recuperar nossa capacidade de agredir, para que esta possa aparecer também na relação com nossos filhos na hora de lhes dar referências, limites objetivos e racionais que facilitem seu processo de auto-regulação. Isso significa não confundir, como já dizia Neill, liberdade com libertinagem, respeitando seu ritmo para que pouco a pouco ele vá conhecendo e respeitando o nosso, para interagir de maneira adequada com a realidade.

Por último, lembremos que estas mudanças nada fáceis na relação com nossos filhos levam em última instância a mudanças radicais no processo de desenvolvimento afetivo, psíquico e emocional, conduzindo a longo prazo a transformações radicais no sistema social. Por isso me parece tão coerente a referência de W. Reich ao fato de a revolução sexual-afetiva dever acompanhar a revolução social, pois compreendemos que nosso comportamento quotidiano é de grande responsabilidade política, conscientes que somos de que cada gesto que fazemos, cada ação que elegemos, tem e terá conseqüências diversas na área social e ecológica.

O sofrimento emocional[23]

"Um guerreiro regressa vitorioso ao espírito depois de descer ao inferno. E do inferno, regressa com troféus. A compreensão é um dos seus troféus".

Carlos Castañeda

"Se ainda não viu o diabo, olha para teu interior".

J. Rumi

"Se a vida é a Verdadeira Vida, move-te para frente, rumo ao desconhecido, mas não lhe agrada avançar sozinha. Não necessitamos de alunos, seguidores, conformistas, admiradores [...] apenas do companheirismo, da camaradagem, da aproximação, da intimidade, da calorosa compreensão de outra alma, da possibilidade de falar sem reservas e de confiar profundamente no outro. [...] É uma expressão do viver verdadeiro e da sociabilidade natural. Ninguém quer ou pode viver só sem se arriscar a ser lunático".

W. Reich

---

[23] Publicação de um artigo com o título: "La psicoterapia ante el sufrimiento emocional y el vacío existencial" In: *Revista Alternalia* n°. 1, 1999.

No despertar do século XXI

Diariamente em meu consultório me deparo com pessoas que vivem com alto grau de sofrimento. Em muitos casos, sem causa aparente, vivem um estado de ânimo estranho, alheios, com uma percepção diferente da realidade, com dores sem bases fisiológicas concretas, sensações físicas de cansaço, desleixo, abulia, ou ansiedade e necessidade de atividade permanente. O que agrava sua incerteza e seu mal-estar é o fato de não saberem por que sentem isso ou aquilo e nem poderem explicar ao exterior, porque se encontram neste estado de falta de comunicação e isolamento.

Na tentativa de melhor compreender estas situações, falaremos do sofrimento psíquico e emocional como um estado que realmente envolve todo o ser, toda a dimensão do ser humano. Onde o corpo já não funciona como normalmente funcionava e nosso conhecimento dos padrões normais de comportamento começa a desmoronar. Ao descrever este estado como sofrimento emocional, assumimos uma identificação entre o psiquismo e a emoção. Esta comparação entre psique e emoção, isto é, entre sistema nervoso central e sistema nervoso vegetativo, implica numa vinculação permanente e constante entre os dois sistemas, a partir do modelo funcional psicossomático.

O mundo visceral e instintivo, o mundo mais primitivo, o mundo racional e o mental, estão em inter-relação constante no nosso organismo, que vive num meio social concreto e submetido a um modelo ideológico, cultural e econômico também concreto.

Quando as exigências do meio superam a capacidade de resposta de nosso biossistema, uma reação de alarme é produzida, descrita por Selye como *stress*, capaz de gerar disfunções somáticas ou emocionais, caso o *stress* se mantenha.

Neste último caso, o psiquismo reage tentando bloquear a percepção desta situação conflitiva por meio de dinâmicas de tipo maníacas ou miméticas, que ocupam a maior parte da atenção cortical, apesar de sentir interiormente que algo vai mal, ou que aparece a percepção da angústia de maneira fisiológica ou dos vários medos, o que seria uma angústia mais psíquica. Dependendo da reação, as conseqüências serão diferentes. Geralmente assusta mais e o organismo é introduzido com mais intensidade num estado de debilidade quando enfrentamos o medo e a angústia.

A maioria dos casos de atendimento em crise costuma ser por este motivo, ou melhor, por situações chamadas de crises de angústia, ataques de pânico, crises de ansiedade... Palavras que correspondem a conceitos diferentes, mas que em essência tendem a ser quadros similares em que se observa que a pessoa tem dificuldade de viver o mínimo possível na realidade, separando-se cada vez mais dos padrões normais de atuação.

Por outro lado, as reações maníacas de hiperatividade, motivadas por uma grande ansiedade e que trazem consigo problemas de insônia, comunicação, quadros de delírio progressivo, não são vividas com tanto alarme como as anteriores, porque mesmo sabendo que está acontecendo algo, não deixamos de "funcionar". Ambas as reações possuem um denominador comum, entram numa situação de sofrimento e de dissociação da referência que temos do funcionamento do nosso "eu".

Com estes dois aspectos de conduta se alinham de maneira latente um conjunto de emoções e estados de ânimo que são disparados em momentos determinados, mas que não chegam a aflorar, nem a tomar corpo plenamente. São emoções como as tristezas, impulsos destrutivos ou autodestrutivos na maioria das vezes, acompanhados de idéias suicidas ou tentativas de suicídio – como possível saída do sofrimento – que geralmente não se consumam pelo fato de o nosso organismo não estar acostumado a se "emocionar". De fato, na atenção em crise, freqüentemente pessoas "virgens" aos processos farmacológicos, quando chegam à consulta com este tipo de quadro, se realizarmos um trabalho psico-corporal que lhes permite o abandono às emoções, automaticamente ocorre uma diminuição do medo e da angústia, pelo fato de haver manifestado a angústia física, descarregando a tensão produzida de forma concreta como, por exemplo, no vômito que é uma experiência física palpável. Tudo isso nos indica que tanto os maníacos emergentes quanto os que vivem a angústia-medo, pretendem evitar de todas as maneiras os impulsos emergentes incontroláveis, vinculados ao funcionamento do sistema límbico. Percebemos que ocorrem dinâmicas que já não podemos controlar. O surgimento das emoções será gradual, até chegar à emoção que de fato sustenta o conflito. Por isso, afirmo que inúmeras manifestações, sintomas e quadros, que em psicopatologia estão configurados e descritos de maneira concreta, respondem em última instância, ao sofrimento emocional.

Considero ainda outro fator humano, fundamental e freqüente. Estou me referindo ao vazio, sensação que acompanha a idéia da morte, conhecido geralmente, como vazio existencial. Esta situação, freqüente em momentos como adolescência e terceira idade, momento em que ocorrem importantes mudanças corporais, neuro-hormonais e portanto energéticas, nos leva a nos situarmos diante de nossa existência, buscando contato com o absurdo, o sem sentido, com a falta de razão ou de resposta... De repente nossa vida construída com todo sentido passa a não ter nenhum, e chegamos inclusive a pensar na possibilidade de acabar com a própria vida, como saída para este sofrimento.

Assim, tanto o sofrimento emocional quanto o vazio existencial são observados constantemente na psicopatologia como sustentação para a dinâmica dos sintomas. Diante da pergunta: "por que as coisas são desta maneira?" podemos responder dizendo que do ponto de vista reichiano e pós-reichiano, e mesmo sociológico, se defendeu sempre que o ser humano não veio ao mundo para sofrer, porém determinadas circunstâncias socioeconômicas freqüentemente tornam a vida um inferno.

Das teorias que descrevem as causas do sofrimento, podemos citar a psicanálise – que desde Freud investiga a influência sobre a psique do tipo de relação que desenvolvemos com as figuras afetivas de referência ao longo de nosso processo de maturação – e a marxista, que analisa a influência das condições econômicas, de trabalho e sociais sobre o estado emocional e psicológico das pessoas. Na verdade, tanto uma teoria quanto a outra grifam a influência que os ecossistemas mais ou menos próximos têm sobre os seres humanos. W. Reich participou do desenvolvimento de ambas as teorias e juntamente com outros colegas, formalizou uma síntese (o freudomarxismo):

"A teoria materialista que defende que os homens são o produto das circunstâncias e da educação e que, portanto, os homens transformados são produto de várias circunstâncias, de uma educação distinta, esquece que as circunstâncias são modificadas, precisamente pelos homens e que o próprio educador precisa ser 'educado'. De maneira que Marx não nega o caráter objetivo da atividade mental. Porém, se o caráter objetivo dos fenômenos da atividade psíquica humana é reconhecido, deve-se admitir a possibilidade de existir uma psicologia materialista, ainda que ela não explique esta atividade psíquica através de processos orgânicos. Se este ponto de vista não for considerado não teremos apoio para desenvolver uma discussão marxista sobre um método puramente psicológico. No sentido de sermos conseqüentes com semelhante posição, não deveríamos falar de consciência de classe, de vontade revolucionária, de ideologia religiosa... Mas deveríamos esperar que a própria química proporcionasse as fórmulas correspondentes às funções físicas, ou que a reflexologia descobrisse seus respectivos reflexos. Dessa maneira se poderia compreender melhor o que é o prazer, a dor, a consciência de classe, já que tal psicologia necessariamente iria desembocar no formalismo causal e não poderia penetrar no conteúdo real e prático das idéias ou dos sentimentos. No enfoque marxista essa posição nos propõe a necessidade urgente de termos uma psicologia que aborde os fenômenos psíquicos por meio de um método psicológico e não orgânico..."

"A psicanálise de Freud supõe que o indivíduo, no que diz respeito à sua psique, nasce com um conjunto de necessidades e estímulos correspondentes. Com essa bagagem é lançado à sociedade como um ser socializado, não só no círculo estreito da família, mas também, dependendo das condições econômicas da estrutura familiar, na sociedade em geral. Em poucas palavras, pode-se dizer que a estrutura econômica da sociedade interage com o 'eu' instintivo do recém-nascido, através de várias mediações: a classe social à qual pertencem seus pais, a situação econômica da família, as diferentes ideologias, a relação entre seus pais, etc. Da mesma forma que este 'eu' instintivo atua transformando seu meio, este meio modificado exerce sua influência sobre ele. Enquanto as necessidades forem parcialmente satisfeitas, haverá harmonia. Porém, na maioria dos casos, ocorre uma oposição entre as necessidades e a ordem social, cujo primeiro representante é a família e depois a escola. Esta oposição se traduz por uma luta que conduz o indivíduo, a parte mais frágil e se transforma em sua estrutura psíquica... A libido só entra em ação quando desaparece a negação da satisfação e o conflito se converte no motor do desenvolvimento da criança".

"A psicanálise pode comprovar plenamente a afirmação de Marx, segundo a qual a existência determina 'a consciência', ou seja, as imagens, as metas dos instintos, as ideologias morais... e não o inverso. A psicanálise dá a esta afirmação um conteúdo concreto no que diz respeito ao desenvolvimento infantil".[24]

Posteriormente, suas investigações levaram em consideração os ecossistemas mais amplos, aprofundando aspectos não apenas subjetivos ou pessoais, mas também globais ou energéticos – como irradiações, influência cósmica, a inter-relação entre as emoções e os fenômenos atmosféricos, etc. Adiantou-se à posterior "teoria dos sistemas" e desenvolveu uma ecologia holística, tudo isso dentro do que chamou teoria orgonômica, em que profissionais de distintas disciplinas científicas seguiram aprofundando e contribuindo para a criação do que F. Capra chamou de "paradigma" ou "ecologia global".

---

[24] Reich, W. *Materialismo dialéctico y psicoanálisis* (1932) Ed. Siglo XXI.

Também observamos que as condições sociais do momento podem servir de paliativos ao nosso sofrimento emocional. Atualmente podemos citar como exemplos o uso abusivo e indiscriminado do esotérico (cartomancia, futurismo, vidência...) como o da navegação virtual pela internet (*chats*, sexo, jogos...), lembrando o que foi analisado no capítulo anterior sobre o consumo. Em outros momentos históricos, a política desempenhou um papel de contenção de emoções conturbadas ou sofrimentos, porém hoje já não é suficiente para canalizar as pulsões e os conflitos emocionais. Para tanto, buscamos elementos formais que agarramos, mas chega um momento em que já não funciona assim e vamos nos desgastando...

Evidentemente não se compara uma pessoa com um trabalho seguro, um vínculo afetivo com alguém, que se sinta protegida e segura num ambiente social onde é reconhecida, a uma pessoa que está desempregada, que viveu um processo de separação, que perdeu algum familiar, ou que simplesmente mudou de cidade e se encontra totalmente deslocada. As condições sociais e ambientais estão exercendo influência na fragilidade ou na força deste sujeito, sem esquecer que pessoas em circunstâncias muito parecidas, se tornam mais fortes, comparadas às que desmoronam.

É aí que entram os fatores pessoais, da própria história individual, e a diferença na configuração das relações básicas afetivo-sexuais ao longo da infância. O social, o individual e o energético configuram a realidade do "aqui-agora" de cada pessoa. Por princípio, nossa tendência ao controle nos leva a encontrar soluções de contenção diante destes momentos de desmoronamento. Quando uma pessoa está vivendo uma situação de crise, é porque foi dominada por seus impulsos ou porque sua conduta, seu padrão psíquico começam a ser alterados, buscando uma saída para recuperar o que foi perdido, ou seja, pretendendo ter de novo o controle cortical, ou seja, um esquema normativo de funcionamento.

O filósofo vitalista H. Bergson, que tanto influenciou o pensamento de W. Reich, escrevia que o córtex é como um objeto de contenção de uma percepção sem limites.

"O cérebro atua como filtro protetor da consciência. A vida seria impossível se prestássemos atenção aos milhões de estímulos que constantemente bombardeiam nossos sentidos... Este sistema de filtragem e de cálculo protege a consciência do colorido tumulto de mensagens extra-sensoriais, de imagens e impressões que flutuam no éter psíquico em que está imersa parte de nossa consciência individual".

Tal percepção ilimitada é a que aparece durante os processos psicóticos. Sem a contenção cortical não poderíamos estabelecer um funcionamento normativo com estabilidade. É o que Reich, em outras palavras, chama em sua obra de couraça muscular do caráter, analisando a função que cumpre:

> "A couraça biofísica nos dá uma explicação para esta fuga desesperada e obstinada rejeição do ser humano ao examinar os grandes problemas da sua vida – sua religião, sua filosofia e seu desejo de explorar sua natureza; deve mantê-los afastados e inacessíveis se quiser manter sua organização social atual. A grande miséria que o mantém prisioneiro é fruto da couraça que o isola de suas grandes possibilidades bioenergéticas".

Poder abrir a percepção para mergulhar em espaços sem nome, sem conceito nem atributos, que transcendem o concreto. Definitivamente, percepções energéticas que não estão sob nenhum controle e cuja capacidade nos facilitaria o desenvolvimento do potencial necessário para conectar com aquilo que fazemos parte, o cósmico e a natureza como vibração e pulsação. Constantemente estamos recebendo vibrações e sintonias de todos os seres vivos, inclusive sensações do que está muito além da terra, assumindo a sacralidade do real e a transcendência do humano.

No entanto, o fato de mergulharmos nestas percepções da transcendência, do transcorpóreo nos assusta muito. Por isso, poucas pessoas se atrevem a entrar neste tipo de vivência e a colocar em palavras algo que todos, de alguma maneira intuímos, mas que não sabemos bem o que é, devido à couraça, que nos mantém bem amarrados a esta realidade tangível, sendo suficientemente calculadores, controladores e compulsivos para levar o *modus vivendi* sem complicações. Este, no fundo, é um discurso generalizado, feito para não complicar a própria vida, usando apenas o básico e o suficiente para satisfazer o consumo exigido pelo sistema ou pelo ambiente que nos rodeia.

Mas a surpresa aparece quando nos vemos envolvidos numa situação que não controlamos e para a qual não temos alternativas. Por um lado, procuraremos tomar medidas que nos levem a recuperar o controle cortical devolvendo a percepção a seu lugar, sabendo que na maioria das vezes, tudo se fundamenta na dinâmica perceptiva. Neste sentido, me refiro às pessoas que viveram experiências com os chamados "anteógenos" (pão dos deuses) ou psicotrópicos e puderam comprovar a fragilidade e a flexibilidade dos estados da consciência, que nos últimos 40 anos amadureceu e evoluiu consideravelmente. Em outra linha, outras substâncias incluídas na psicofarmacologia são utilizadas para evitar os estados de sofrimento psíquico-emocional, para devolver à pessoa a sensação de normalidade perceptiva. Em muitas situações, mais do que gostaríamos, agravam-se os quadros a ponto de cronificar o processo, criando a dependência das drogas. Ainda assim em muitos casos o objetivo é cumprido e a pessoa chega a poder recuperar sua normalidade e os esquemas perdidos, mas realmente a pergunta que faz a psicoterapia é se de fato necessitamos destes esquemas. Não estaremos perdendo uma oportunidade quando a pessoa entra em crise e não aproveita para recuperar sua capacidade de contato com o essencial? Somos livres para escolher uma opção ou outra, mas tentando ser honesto insisto em que a psicofarmacologia é uma solução para sair do sofrimento, com limites, e talvez depois de haver controlado a crise, após dois ou três anos a pessoa ainda possa sofrer uma recaída, desmoronando novamente e então não será suficiente o controle, a segurança e a sugestão exercidas pelo medicamento, para que ela resgate uma dinâmica de controle.

Com esta perspectiva, a visão do psicoterapeuta será a de um profissional da saúde que, a partir de uma visão expandida, tenta se aproximar do sofrimento do paciente a partir do conhecimento de seu próprio sofrimento, levando em conta a empatia, o que pode haver de comum entre os seres humanos e a partir daí irá melhor compreendendo o que mantém a disfunção nessa pessoa específica. Propondo os meios menos violentos possíveis, capazes de sedimentar seu estado perceptivo (em certos momentos será necessário a ajuda do psicofármaco de uma maneira pontual, principalmente em estados de crise) para que ele possa adotar uma postura epistemológica, de questionamento, reflexão e conhecimento de seu próprio estado interno, pessoal e vital. Observamos na filosofia socrática com a chamada arte da maiêutica (ajudar a parir), como esse objetivo é alcançado e como o filósofo ajudava o discípulo a encontrar respostas para seus próprios questionamentos.

Esta postura ativa não é freqüente no sujeito que vem ao consultório. Ele chega passivo, estabelecendo uma dependência infantil com o médico do tipo "doutor, resolva isto". E quando lhe devolvemos a frase "Eu não vou resolver nada, você está começando sua viagem ao inferno, e eu posso te acompanhar e te guiar nesta viagem", aparece a surpresa, quando não sua indignação. Porém, esta deve ser a postura existencial de um psicoterapeuta, razão pela qual é tão importante que além de sua formação teórica ele se submeta a seu tratamento pessoal, para que possa conhecer e lidar com seus próprios processos de crise através de sua experiência pessoal. Se fosse de outra maneira, pouco valeria ser muito inteligente, pois lhe escaparia o essencial, do que este paciente está falando e não poderia compreender seu sofrimento. A sensação de acompanhamento que se cria no espaço terapêutico entre terapeuta e paciente facilita a cumplicidade, criando uma atmosfera psicoterapêutica importante e básica, conhecida como relação terapêutica e dentro dela, os fenômenos já conhecidos como transferência, contratransferência, desejos, pulsões, envolvimento, momentos de ódio ou de cumplicidade, de negação da realidade, experiências que provam que o terapeuta passou a ser o universo afetivo do paciente em crise. A partir de então o psicoterapeuta tem tamanha responsabilidade já que se constitui como o responsável afetivo de seus pacientes, que deve ter um notável manejo da variável relacional. Este elemento relacional, se for levado em consideração, é o único que garante um processo psicoterapêutico, e na maioria das vezes é o diferencial das demais técnicas terapêuticas como "a modificação de conduta", a hipnose etc., em que a pessoa que segue a tradição médica está numa posição passiva, recebendo instruções de um profissional, (para além de seu valor e eficácia) e perdendo novamente a oportunidade de descobrir processos internos pessoais que até então eram desconhecidos e lhe dificultavam a possibilidade de gestar sua própria vida, conhecer suas potencialidades, limitando muito sua liberdade pessoal.

O modelo sistêmico funcional-energético do qual parte a psicoterapia pós-reichiana, definida como orgonoterapia (psicoterapia breve caracteroanalítica, se usamos uma abordagem focal e vegetoterapia caracteroanalítica se for profunda), retoma a perspectiva psicanalítica, modificada por W. Reich ao vincular as dinâmicas emocionais, neurovegetativas e energéticas do funcionamento psíquico, analisando o sofrimento como um estado de consciência no qual as defesas muscular do caráter desmoronam e a pessoa se encontra vazia e nua diante do desconhecido e do incontrolável.

Nossa abordagem psicoterapêutica ocorre a partir da empatia e de um diagnóstico inicial diferencial (D. I. D. E) que recolhe variáveis da pessoa para podermos compreender o ponto crítico e vital em que se encontra e com esses elementos levaremos a cabo uma individualização do tratamento, considerando diversos fatores (econômicos, sociais, nível de *insight*, grau de implicação, etc.). De posse dessa avaliação, que abrange todos estes elementos e considerando principalmente seu grau de motivação, pode-se dar uma resposta global, capaz de atender a esse nível de sofrimento que não ocorreu por um fator único nem por um cruzamento neuronal, distúrbio neurovegetativo, problemática existencial ou crise de relacionamento. Pois sempre existirá uma inter-relação de fatores, capazes de gerar a crise.

A orgonoterapia (por meio de sua abordagem profunda, a vegetoterapia caracteroanalítica), tem como objetivo a recuperação do contato com nossa essência através de ferramentas que retomam nossa história pessoal, abrindo vias perceptivas e tendo como referência a manifestação corporal, a elaboração analítica que facilita a consciência do problema e das possíveis soluções, através da ligação emoção e pensamento. Reich fala de caracteroanálise, porque o psiquismo já é caracterial, ou seja, induz ao procedimento, não somente inconsciente, estando o sistema emocional vinculado ao sistema nervoso vegetativo. Nesse sentido se compreende que em sua obra foram introduzidos os estudos do sistema vegetativo que se realizavam na Alemanha dos anos 30.

A partir desse modelo, uma série de ferramentas convergentes são utilizadas (acupuntura, dieta, psicofármacos, homeopatia, etc...) para conseguir os objetivos do processo, porém o núcleo central de transformação da pessoa depende de uma posição psicoterapêutica, na qual duas pessoas, com diferentes funções, começam uma viagem iniciática que transformará e recuperará aquilo que o paciente perdeu, procurando saber o que o levou a esta disfunção e sofrimento. Acreditamos que a própria sensação de existir e de contato com a vida proporcionam a força suficiente para que não exista sofrimento emocional,ou vazio existencial e por isso, quando isso acontece, definimos como perda de contato com a vida, com a sensação vital, resultando num tipo de desterro, onde se rompe o cordão umbilical que nos une ao que pertencemos e fazemos parte, como o astronauta que ao ser lançado no vazio, tem um acidente e rompe o cabo que lhe unia à nave.

Dessa maneira procuramos com a psicoterapia, dentro do possível, recuperar o contato com a vida, aquilo que foi perdido pelo embrutecimento constante e cotidiano que estamos vivendo a nível social, com o *stress* que vai se apoderando de todos, reduzindo nossas potencialidades e nossa capacidade de amar, assim, procurando cumprir com nossos objetivos, falamos de recuperar a capacidade orgástica, da entrega e abandono no outro e como conseqüência do contato com o sentimento oceânico do vivo ao qual estamos imersos, para a partir daí, seguir investigando e aprofundando pelos caminhos do crescimento e da transcendência.

A recuperação deste contato nos devolve a sensação de companhia, de nutrição das forças da natureza e da vida, resgatando nossa capacidade pessoal, alegria e força necessárias para encarar diariamente fatos subjetivos, objetivos, ecológicos em geral, aqueles que alteram nosso ecossistema e embrutecem nossa percepção, reconhecendo através desta experiência que o sofrimento humano tem causas concretas que podem ser modificadas, o que nos devolve a possibilidade de sermos "sujeitos da nossa própria história", como escreveu Karl Marx.

Sobre a loucura[25]

"Os loucos são as vítimas individuais, por excelência, da ditadura social; em nome desta individualidade que é própria do homem, nós reclamamos a liberação destes prisioneiros forçados da sensibilidade, porque não há dúvida alguma que não figura no poder das leis isolar todos os homens que pensem ou atuem".

A. Artaud

"Se alguém vai à igreja e fala com Deus, a isso chamam rezar. Se sai da igreja e diz ao policial da esquina que Deus falou com ele, isso é esquizofrenia".

T. Szasz

Aspectos socioistóricos da loucura

Na Idade Média, também conhecida como "Idade da Loucura", passaram a utilizar esta palavra para nomear pessoas as quais não sabiam como tratar, do ponto de vista social. E neste período de trevas, irei me referir principalmente à bruxaria; havia duas formas de concebê-la: como um fenômeno natural ou como algo da família da heresia.

---

[25] Publicado como artigo na revista *Natura Medicatrix* com o título "La locura. Mito o enfermidad social".

O poder na Idade Média era repartido entre os senhores feudais e a Igreja, que também tinha uma organização feudal. Nesta estrutura econômica algumas atitudes que começavam a ser consideradas subversivas, não eram aceitas, pois iam contra o estabelecido. Quem tentava ir contra estas normas regidas pela Igreja no *modus vivendi* cotidiano, era um herege e um bruxo/a. Os loucos estavam endemoniados e os médicos relatavam que tal pessoa era uma bruxa ou estava possuída pelo demônio, passando imediatamente este tema a se constituir no trabalho da Inquisição.

A Inquisição foi um órgão especificamente criado para tratar desta problemática. Conforme passavam os anos, o índice de "endemoniados", "possuídos", "bruxos" ia crescendo de maneira proporcionalmente inversa (estatísticas incríveis mostram o aumento de pessoas classificadas com este conceito).

Esta situação pode ser analisada considerando que na época realmente havia mais bruxas, possuídos, etc., que pessoas normais, ou então percebendo que havia algo que não funcionava, que faziam uso de uma classificação para melhor administrar uma série de pessoas que se opunham a um estado de coisas "oficial", reconhecido pela burocracia, pela Igreja e pelos senhores feudais. A subversão ia sendo cada vez maior (quanto ao número de pessoas) e se refletia amplamente no comportamento cotidiano, nas relações humanas e sexuais. Estes novos costumes se chocavam com a visão de normalidade que propunham, principalmente as hierarquias eclesiásticas, sob o nome de Deus. Por isso foram queimadas milhares de "bruxas" que desenvolviam um estilo diferente de viver. Eram principalmente mulheres, que mostravam sintomas históricos, ou ainda manifestações naturais de tipo sexual. Por exemplo, o fato de um homem e uma mulher se unirem sem estarem casados podia se constituir em motivo para denúncia junto à Inquisição por qualquer causa (ciúmes, vaidades, etc...). O termo "bruxa" (sinônimo de loucura) era utilizado para denunciar pessoas e levá-las para a fogueira. Este terrível drama humano refletiu com muita clareza o uso indevido do poder, elegendo determinados conceitos e utilizando estruturas repressivas, que legalmente reprimiam ao ponto de matar pessoas, apenas por terem certo estilo de vida. T. Szasz analisou nos anos 70 a relação entre a bruxaria e a doença mental.

"Os paralelos básicos entre os critérios da bruxaria e da doença mental podem ser resumidos da seguinte maneira: na idade da bruxaria, a doença podia ser considerada natural ou diabólica. Visto que a existência das bruxas, como analogia ao emblema contrário dos santos era inquestionável (a menos que fosse acusado de herege), não se devia duvidar da existência de doenças que também eram maléficas. Por isso, os médicos se viram envolvidos na Inquisição como *experts* no diagnóstico diferencial entre os dois tipos de doença.

Na Idade da Loucura, as doenças eram consideradas orgânicas ou psicogênicas, visto não haver dúvida sobre a existência da mente como componente analógico dos órgãos corporais (a menos que fosse arriscado a uma violenta oposição ou acusação de cumplicidade), também não se podia duvidar da existência de doenças devidas a um funcionamento incorreto da mente. Por isso, os médicos estiveram tão envolvidos na psiquiatria institucional como especialistas em diagnóstico diferencial de ambas as doenças. Esta é a razão do interesse de médicos e psiquiatras por diagnosticar de maneira diferencial o que são doenças corporais e o que são doenças mentais...

Ao considerar o louco simultaneamente malfeitor (como qualquer criminoso) e vítima (doente) como qualquer paciente, o doente mental contribui para diluir as diferenças entre criminoso e não criminoso, culpado e inocente... O médico medieval devia distinguir indivíduos afetados pela doença natural de indivíduos afetados pela doença diabólica.

O médico de hoje deve diferenciar pessoas que sofrem doenças corporais das que sofrem de distúrbios mentais. Em qualquer caso, o poder é das autoridades médicas. Na atualidade, a psiquiatria institucional não é mais que um prolongamento da Inquisição; o que mudou foram o vocabulário e o estilo social, que procuram se adaptar às expectativas intelectuais da nossa época; é uma farra pseudomédica que parodia os conceitos da ciência. É o estilo social se ajustando às expectativas políticas, ou seja, um movimento pseudoliberal que parodia os ideais de liberdade e racionalidade".[26]

Depois da Idade Média, houve nítidos momentos em que certas atitudes cotidianas eram classificadas de perversões, deformações e atos de loucura. Sem nos distanciarmos muito, Esquiro, em 1882, escrevia que o onanismo era um grave sintoma de perturbação mental e que se não fosse reprimido ou superado, levaria a situações extremas como ao suicídio. A diminuição gradual das punições à masturbação desde o enxofre e o fogo do inferno, passando por operações cirúrgicas mutilatórias do pênis, até os diagnósticos psicanalíticos iniciais e as lobotomias posteriores, mostram que o que mudou foi a severidade do tratamento, mas não a atitude.

Esta reflexão, novamente, mostra uma atitude maniqueísta, no sentido em que tudo o que for da ordem da liberdade individual, porém difícil de controlar, cuja prática vá contra o estabelecido, terá sempre estruturas de poder encarregadas de inventar classificações ou etiquetas para justificar legalmente a repressão ou perseguição às pessoas que levam um funcionamento que não corresponda ao estabelecido. A idéia do onanismo veio acompanhada, até muito pouco tempo atrás, de um enorme preconceito. Quem realizava práticas masturbatórias era um perverso, ou alguém que não tinha controle sobre seus impulsos, portanto, sobre si mesmo. Assim, o psiquiatra salvava o "paciente" da masturbação, mesmo que este não desejasse ser salvo. Hoje em dia alguns psiquiatras e psicólogos também querem salvar da depressão e de um grande número de doenças mentais os pacientes mesmo que estes não desejem tal salvação.

---

[26] Szasz, T., *La fabricación de la locura*. Ed Kairos, 1977.

Um dos traços mais terríveis da crença geral na bruxaria era o fato de que ninguém sabia com certeza quem era bruxa. Atualmente, ninguém tem certeza de quem está e não está doente mentalmente. Esta etiqueta, como percebemos, já levou à morte muita gente. Há apenas alguns anos, na Alemanha, repetia-se esta situação: na época de Hitler promoveu-se a eutanásia e a eugenia para os doentes mentais e inválidos (inclusive com fimose) assassinando-se mais de 300 mil pessoas. E ainda se justificava: "Aos doentes mentais é preciso conceder-lhes a graça da morte".[27]

Outra classificação que o poder usou para castigar e reprimir as pessoas foi o termo "homossexual", tanto no sentido difamatório (que implica uma escala de valores definida e sexista), como pela manifestação da preferência de gênero sexual. A homossexualidade era uma manifestação de puro prazer, pois na relação homem-homem, mulher-mulher é evidente duas pessoas procurarem o prazer pelo prazer, o que era intolerável, enquanto a cópula entre um homem e uma mulher sempre foi justificada pelo vinculo à procriação, com um fim divino, divinizando, portanto, o coito e a relação sexual. Dentro da esfera do poder social até pouco tempo a repressão sobre este tipo de manifestação sexual tem sido constante. Alguns psiquiatras contribuíram para esta repressão, classificando de perversão e doença. Até uns sete anos atrás, o Manual de Diagnóstico Americano dos Transtornos Mentais (DSM) considerava o homossexualismo como doença mental de tipo social, como manifestação patológica, socialmente falando, pelo número de pessoas que praticavam. O homossexualismo passou a ser combatido e reprimido. As classificações de doença mental que ocorreram contribuíram para criar preconceitos enormes e para que o sofrimento psíquico fosse escondido, distorcido ou mesmo utilizado como ameaça.

Todos sabemos que uma pessoa conhecida em seu meio profissional como deprimida, terá grave repercussão em seu ambiente de traba-

---

[27] Duro, Enrique Gonzales, *Psiquiatria y sociedad autoritária. Espanha 1939-1975*. Ed. Akal, 1878.

lho, e ao se submeter ao processo de seleção realizado por um psicólogo, poderá ser desqualificada por este motivo. Sendo ainda maior a repercussão da classificação como esquizofrênico, ou a existência de antecedentes com tentativa de suicídio. As classificações, repito, vinculadas à doença mental marcam e condicionam as atitudes subjetivas e pessoais do indivíduo, violando assim a intimidade e rompendo sua liberdade pessoal, principalmente quando alguém julga e diagnostica estas supostas doenças e coloca as etiquetas, sem uma perspectiva de diagnóstico psicopatológico mais amplo e rigoroso, assumindo como princípio sua dificuldade e as conseqüências sociais decorrentes. Poderíamos afirmar inclusive que ninguém, no fundo, pode definir com exatidão o que é a loucura e a doença psíquica, dado que não se podem medir nem quantificar, por muito que se tente.

Uma pessoa pode ter sido afetada por um luto que viveu e por isso pediu licença do trabalho, por um estado de tristeza e melancolia. Automaticamente, de volta a seu posto de trabalho esta pessoa pode ser marcada com a etiqueta de depressivo, com todas as conseqüências que isso implica, sem levar em consideração as circunstâncias reais que provocaram este estado emocional pontual. Isso ocorre, inclusive, politicamente. Na ditadura, se utilizava a classificação de doença mental para reprimir e prender inocentes ou militantes revolucionários. Na ditadura russa, os campos de trabalho estiveram cheios de pessoas classificadas de loucas por razões puramente políticas. Aqui na Espanha, o famoso psiquiatra J. A. Vallejo Nájera dedicou-se a investigar o "gene" que possuíam os "vermelhos" (comunistas), pois este gene determinava de forma inata esta tendência política...[28].

Tudo isso pesa e continua pesando. Quanto mais poder social, mais uso se faz dos conceitos vinculados à doença mental como forma de repressão. Este tema deveria interessar tanto ao profissional como ao cidadão, temos que tomar consciência disso e assumir nossa responsabilidade.

---

[28] V. Nájera foi um dos cérebros evidentes da ditadura franquista, articulador da repressão mais forte que já existiu sobre os chamados doentes mentais. E isso foi esquecido. Um dos erros mais graves do ser humano é o esquecimento.

Xavier Serrano Hortelano

Loucura ou sofrimento psíquico

Fazendo uma síntese, a partir de uma análise sociológica, a loucura no sentido mais amplo da palavra seria um constructo imaginário que usa o poder para reprimir formas de vida cotidianas que podem ir contra o estabelecido. Um outro plano, também real, era o do sofrimento individual. É evidente que o sofrimento existe e tem manifestações distintas em função de três variáveis, como já foi analisado em capítulos anteriores:

– pessoa específica que sofre;

– ecossistema humano de quem sofre;

– resposta do ecossistema humano diante da exigência de quem sofre.

Tudo isso será determinado pelos acontecimentos vividos ao longo da própria história individual, fundamentalmente até os 16 anos. Não sofremos por acaso, pois há uma série de variáveis que se opõem às dinâmicas naturais e específicas do animal humano, da mesma maneira que um animal sofre quando é retirado de seu meio e enfiado em um zoológico. O animal estará vivendo um sofrimento que vai levá-lo progressivamente a desenvolver comportamentos diferentes das respostas que teria em seu meio natural.

Também podemos nos referir às pessoas que são submetidas a um intenso *stress*, como vimos anteriormente, sofrendo uma alteração bioquímica, neurofisiológica, com efeitos biológicos no organismo.[29] O problema está na classificação que se confere a estes comportamentos, sensações e sentimentos.

Este *stress* sofre um bebê ao sair de um espaço aquático à temperatura de 37 graus aproximadamente para um meio inóspito e frio, separado imediatamente do corpo da mãe, que lhe dá calor, pois ainda que não tenha psiquismo, este organismo sofre,[30] e seu sofrimento terá certamente varias conseqüências.

---

[29] Ver as teorias atuais de H. Selye e H. Laborit.
[30] Ver livros dos obstetras M. Oden y F. Leboyer.

No despertar do século XXI

Vemos então que o processo histórico da pessoa vai criando uma dinâmica de sofrimento em função de como as coisas são estabelecidas nesta sociedade Começando já na vida intra-uterina, logo no parto e depois na maneira como são vividas as relações afetivas e sexuais ao longo da infância e da adolescência, condicionando basicamente o maior ou o menor nível de sofrimento psíquico e a tendência a buscar mecanismos compensatórios, limites nos processos perceptivos, capazes de criar quadros patológicos, levando a pessoa a sofrer sem poder evitar (fobias, depressões, angústia, ansiedade, crises delirantes...). E tudo isso é real, existe, mas o problema é passar a colocar rótulos que estão associados a valores questionados pelo social, resultando assim em transtorno, fazendo mal indiretamente à pessoa.

Por outro lado, o sofrimento em cada pessoa assume diferentes tonalidades e obedece a lógicas distintas. Por essa razão tudo isso deve ser abordado por uma lógica epistemológica e não apenas psicopatológica, o que implica em se aproximar do conhecimento da pessoa procurando a lógica funcional de seus comportamentos singulares, levando em consideração a inter-relação entre todos os sistemas que formam sua estrutura humana, para, a partir daí compreender seu sofrimento e a lógica irracional da sua sintomatologia, compreendendo então seu código.

O sofrimento produzido ao longo da história individual de cada pessoa toma forma, se fortalece e possui respostas bem mais definidas quando coincide com o sofrimento que vivemos no momento atual,ou seja, se une o atual com o histórico em cada um de nós. Quando o atual passa a ser estressante, torturante ou desesperador, nosso organismo responde como pode, em função do que sua estrutura (conseqüência deste crescimento progressivo desde nossa vida intra-uterina) lhe permite. Portanto, quanto maior for a estrutura e mais adequada a maturação psicossexoafetiva, maior será a capacidade para vincular as funções viscerais (vegetativas, autônomas ou involuntárias, como o funcionamento dos órgãos, a regulação termodinâmica, as respostas instintivas), as límbicas (respostas emocionais, ritmo biológico) e as corticais (racionalização, compreensão, linguagem), maior a capacidade de contato e, portanto, maior vitalidade e saúde.

Sabemos que em muitas situações o desenvolvimento das necessidades pessoais se choca com o estabelecido e isso nos leva a um enfrentamento com as estruturas de poder, compromisso social e muitas vezes, ao sofrimento. Mas isto é funcional e possui uma lógica concreta e consciente. Com esta referência de saúde ante os limites sociais e os conflitos educativos e afetivos, a criança vai desenvolvendo seu caráter: a totalidade dos mecanismos de defesa e adaptação às exigências do meio social, que muitas vezes se contrapõem às suas necessidades vitais, uma couraça muscular que limita a percepção e cria uma dissociação entre as funções psicossomáticas e um plano da consciência limitado, que poderíamos definir, segundo W. Reich, como a estrutura de um neurótico caracterial, ou de uma pessoa socialmente adaptada, aquela que não sofre muito, mas que também não possui grandes experiências de prazer, pois se encontra numa dinâmica um tanto robotizada, reflexo da massa social regida pela moral estabelecida.

Porém, quando nem sequer há a possibilidade de se criar uma couraça nem os mecanismos de defesa psíquicos, pelo fato do trauma ou *stress* psicoafetivo ter ocorrido muito cedo ou ter-se tornado permanente, se desenvolve uma estrutura bem diferente da anterior, com uma percepção bem distinta, aberta ao que está fora da pele, mas sem uma capacidade visceral de integração, menos intelectual, mais pulsional e com um estado de consciência muitas vezes alterado. Uma estrutura que poderíamos chamar de psicótica.

Com estas definições não quero avaliar; apenas tento compreender de maneira global as diferentes formas de relação e percepção humana. O que não supõe ser uma melhor ou pior que a outra, são simplesmente diferentes. Mundos diferentes com um tipo de vida similar em muitas ocasiões, porque sempre consideramos a capacidade de adaptação. De fato, quando existe uma crise por motivos iatrogênicos atuais ou de acumulação progressiva de *stress*, as manifestações serão bem diferentes tanto em uma como na outra estrutura. E o que se conhece como loucura pode acontecer em ambas. Um ataque de pânico pode ocorrer em uma estrutura neurótica ou em uma psicótica. Os sintomas serão similares, mas a lógica subjacente e as conseqüências serão radicalmente distintas, por isso, a abordagem clínica também deverá ser distinta. Talvez a crise mais espetacular seja a chamada crise psicótica, que também pode acontecer em ambas as estruturas e quando se cronifica, é conhecida como esquizofrenia, rótulo maldito, sem conteúdo muitas vezes. Em geral, o tratamento está desumanizado.

O psiquiatra britânico R. D. Laing configurou a idéia de que contemplar e ouvir um paciente vendo seus sinais de esquizofrenia (como doença), e contemplá-lo e ouvi-lo como ser humano são formas totalmente diferentes:

> "O terapeuta deve possuir a plasticidade necessária para conduzir a si mesmo a uma outra estranha e ainda longínqua concepção do mundo. Neste ato se utiliza de suas próprias possibilidades psicóticas, sem renunciar a seu juízo. Só desta maneira pode compreender a posição existencial do paciente".

Posição bem particular e difícil de compreender para pessoas com uma estrutura neurótica rígida. Poderíamos dizer que nunca se sentiram muito encarnadas e que podem falar de si mesmas como se carecessem de corpo. Assim se autopercebe um psicótico:

> "Nesta posição, o indivíduo experimenta seu 'eu' como se estivesse mais ou menos dissociado de seu corpo. Sente o corpo mais como um objeto entre outros no mundo, do que como uma medula do próprio ser do indivíduo. Ao invés de medula de seu verdadeiro eu, sente seu corpo como se fosse a medula de um falso eu, um eu interior, verdadeiro, separado, não encarnado, contempla com ternura, diversão ou ódio, dependendo do caso".

Tal divórcio entre o eu e o corpo priva o eu não encarnado da participação direta em qualquer aspecto da vida mundana, que é exclusivamente realizada por intermédio das percepções, sentimentos e movimentos do corpo (expressões, gestos, palavras, ações...). O eu não encarnado, como contemplador de tudo o que faz o corpo, não se compromete com nada diretamente. Suas funções são de observação, controle e crítica do que o corpo está experimentando e fazendo, e estas operações são consideradas puramente mentais.

Loucura e estados de consciência

Quando minimamente intuímos que a perda de controle, que o impulso de questionar o estabelecido, o cotidiano, o seguro aparece, é quando entra o pavor, quando surge o chamado medo à loucura. Em todos e em cada um de nós, existe o medo de entrar num plano para o qual não servem as referencias do cotidiano, não serve o espaço-tempo habitual.

Este medo da loucura pode ser identificado como o medo de perder o controle, medo do abandono, não sendo nem mais nem menos que o medo de cruzar a fronteira entre o plano do existencial-manifesto, criado e suposto para entrar no plano do essencial. Toda pessoa que já entrou num estado de consciência alterado através de psicotrópicos, da ingestão de diferentes substâncias, da meditação, ou através de sua própria psicose, sabe perfeitamente o que tudo isso significa.

A pessoa que possui configurações psicóticas é alguém que não se adapta, que não tem a possibilidade de levar uma dinâmica cotidiana, uma rotina. Porém tem a capacidade de entrar em contato com aquilo que está mais na ordem do essencial, do contato com as dinâmicas existenciais específicas do animal humano, com o vinculo à transcendência, à capacidade de amar e à capacidade de se sentir em contato com o absoluto, o que está mais além de nossa pele. E essa pessoa entra neste plano, quando se abandona à loucura, perdendo o medo de deixar as referências cotidianas, quando deixa de se assustar ao começar a esquecer que cargo ocupa na universidade, como chama sua mulher, ou quantos filhos tem. De repente, isso passa a ser algo insignificante, o importante passa a ser a sensação de vida, de fluidez, a sensação de existir. Isso é o que se conhece como processo de desidentificação ou "perda do eu", na linguagem *Zen*. W. Reich escreve:

> "É como se as percepções estivessem localizadas a certa distância, fora da superfície epidérmica do organismo. Esta perturbação interior é a separação entre a auto-percepção e o processo biofísico objetivo que deve ser percebido. No organismo saudável, ambas as coisas se unem em uma só experiência. No indivíduo neurótico encouraçado, as sensações biofísicas de órgãos não se desenvolvem de maneira alguma, as correntes plasmáticas estão muito reduzidas, aquém do umbral da auto-percepção ('insensibilidade'). Por outro lado, no esquizofrênico, as correntes plasmáticas seguem sendo intensas e não estão obstruídas, porém a percepção subjetiva destas correntes está interditada e partida. A função perceptiva não está reprimida, mas também não está unida à corrente. (Assim, como uma criança desenvolve com facilidade uma contração na garganta quando sente o impulso de sufocar a mãe ou o pai, da mesma maneira, o assassino esquizóide degola alguém quando sua própria sensação de sufocamento é insuportável)".[31]

A diferença básica está no fato de que, enquanto numa crise psicótica não há controle, não há ritmo, se vive o inferno, o caos e a sensação de ser arrastado para o vazio, em uma situação existencial e energética equilibrada podemos nos aproximar destas experiências com o coração, com nosso ritmo, nos sentindo como sujeitos e donos de nossas sensações, identificando nosso eu com este estado de consciência, com capacidade de estar no plano do absoluto, do "eterno". Mas para isso, curiosamente temos que ouvir, que escutar, que sentir

---
[31] Reich, W., *Análise do Caráter*. Ed. Paidos.

o "louco", ou seja, àquele que se move neste plano, que sente a realidade apenas desta maneira. Houve, desta perspectiva, loucos que foram queimados e assassinados, loucos ignorados em hospícios e loucos... santificados.

E é por isso que o profissional da saúde deve compreender o discurso do "louco", mas para isso, deveria ouvir antes o próprio. Esta é a única maneira de poder abordar adequadamente estas situações e evitar que sejam reproduzidas situações nas quais as pessoas que entram em crises involuntárias, automaticamente entram em conflito com o que há no mundo de fora, no exterior, e deste conflito, surge o questionamento "estou louco", "pois me acontecem coisas que não acontecem com os demais"... A família rejeita este comportamento ("...Tu nos matas de desgosto, em vez de te dedicares ao trabalho, te dedicas a falar com Deus..."). Essa pessoa vai ao psiquiatra, que diagnostica uma esquizofrenia e receita uma grande quantidade de comprimidos; ele acredita e aceita, porque foi o diagnóstico do "grande Deus", que, além disso, pede que não se preocupe, que não vai se curar, mas que com a medicação estará mais tranqüilo. Para a família, ele diz para manter a calma, que seu filho não continuará trabalhando, mas que também não vai matar ninguém. E assim, sucedem as histórias; algumas delas irei relatando para facilitar o entendimento da hipótese que se refere à necessidade de o profissional abordar adequadamente o sofrimento, pois se por medo de conectar com seu próprio inferno ou mesmo por ignorância não o fizer, a pessoa pode ficar ancorada de um lado da fronteira, o lado da loucura.

Nós, profissionais, não sabemos realmente o que está acontecendo com esta pessoa e ficamos bastante atemorizados de que nos aconteça o mesmo, por isso não nos interessa muito ouvi-los. Quem já esteve em um hospital psiquiátrico sabe que há uma grande necessidade de escuta, as pessoas que ali trabalham não suportam o fato de manter uma relação com as pessoas que estão internadas e que têm discursos esquizofrênicos. Esta situação não pode ser conduzida desta maneira, pois ameaça o juízo dos demais trabalhadores do hospital.

Assim, entre as histórias que irei contar, está a de uma criança de oito anos, uma menina, que de repente um dia, começa a ouvir alguém que lhe diz coisas (e que não é nem sua mãe nem seu pai); no princípio, olha ao seu redor para constatar se há alguém, mas não há ninguém. A voz aparece também à noite, principalmente quando está sozinha. Chega um momento em que começa a assustar-se, pois as vozes impedem que escute o que dizem seus pais. Um dia decide contar-lhes o que está acontecendo. Quando chega esta ocasião, fruto de um processo que leva seu tempo, pois seus pais não a levam a sério, minimizando a importância do que diz ("você dorme mal", "está fraca") levam a filha ao médico, que confirma a explicação dos pais e recorre a uma análise geral. O tempo continua passando e a menina, ouvindo as vozes, começa a viver seu contato com o exterior como pesado e inquisidor. Sente-se observada, vive contra sua natureza, sem entender o que lhe ocorre, pois em princípio saiu de seu interior. Sente-se estranha, diferente e daí surge o medo que a faz calar e se retrair. Os pais se dão conta de que sua filha não fala, não faz contato e dorme mal. Decidem levá-la ao psiquiatra, procurando alguma solução, pois ela tem comportamentos bem estranhos. O psiquiatra diz que a filha não irá melhorar, pois tem esquizofrenia, e lhe receita uma grande quantidade de medicamentos. Os pais questionam sobre a possibilidade de levá-la a um psicólogo para uma psicoterapia e o psiquiatra consente, justificando que poderia ser útil para facilitar a aceitação de sua problemática e sua adaptação a ela. Esta conversa ocorreu na presença da menina, que visivelmente não se sentiu bem na presença daquele homem. Não queria mais voltar ao psiquiatra. A menina apenas recebe o tratamento farmacológico administrado pelo psiquiatra e os comprimidos que ingere vão diminuindo progressivamente suas respostas cognitivas. Quando esta criança chega ao psicoterapeuta, que a escuta e pede que não tenha medo, passando a partilhar com ela sua condição, os pais passam a duvidar da afirmação do terapeuta, que lhes diz que o problema de sua filha pode ser resolvido, acabando assim com esta situação de sofrimento...

Outra história é a de um jardineiro, pai de família, que tem um comportamento normal, mas, de repente, ao passear um dia no carro de um amigo, pensa em dizer-lhe que mude de marcha, mas ao invés de dizê-lo, sente um impulso de tocar-lhe a perna. Instantaneamente dá-se um "clic" e ele começa a pensar que é homossexual, por ter tido o impulso de tocar seu amigo. Quando está em casa, pensa em abandonar sua família, sente vontade de desaparecer. Este homem começa a entrar em uma situação mental obsessiva e permanente em torno de coisas absurdas, sem conseguir tirá-las da cabeça ("sou homossexual, minha família irá perceber e vão perceber que quero sair de casa"). Sem que sua família fique sabendo, ele visita um psiquiatra, diz que tem depressão, que seus amigos lhe disseram que está muito calado e que não tem mais vontade de ir para o trabalho. O psiquiatra lhe receita uma medicação durante quatro meses e lhe concede licença de trabalho durante duas semanas...

Outro caso que podemos comentar, é o de um casal que vive junto há 15 anos e tem duas filhas. A relação está bastante deteriorada pela vida que leva o marido, sempre saindo e se relacionando com outras mulheres. A mulher se sente incapaz de pensar na separação, pois em alguma ocasião já havia proposto mas seu marido a convencera de seguirem juntos, prometendo que iria mudar, que deixaria suas amantes; assim, o matrimônio se mantém. O tempo passa, ela nota que tudo continua igual, a mesma história se repete, mas ela segue sendo incapaz de deixar a relação. Chega um momento em que este homem encontra outra pessoa com quem pode viver e diz a ela que agora está de acordo com a idéia da separação e que o fará por ela. Esta mulher aceita a decisão do marido, porém renuncia a suas filhas, pois se sente incapaz de ser uma boa mãe e esposa, passando a se censurar por não haver agüentado o suficiente. O casal se separa e a mulher se vê sozinha, distante da sua família, que está vivendo agora com outra pessoa. Dá-se conta que foi totalmente enganada e que tudo não passa de uma mentira, que foi humilhada e manipulada por seu marido. Neste momento, começa ter impulsos que não pode controlar. Vai ao psicoterapeuta e lhe fala de medo de enlouquecer, do medo que tem de seus impulsos de suicídio e de assassinato de sua família... Há muitas histórias como essas, como variações sobre um mesmo tema. Todos esses casos nos levam a entender a loucura como um rótulo manipulado pelos poderes sociais, ou como algo que surge em decorrência do medo de perder o controle, juntamente com a presença do sofrimento psíquico e a conseqüência real de um ecossistema, ou de uma historia pessoal, que vai depender nestes momentos de nossa atitude como profissionais, para que esta pessoa adquira o passaporte para poder ultrapassar a fronteira ou ficar no território da loucura.

Por outro lado, o que acontece quando alguém se propõe a romper os parâmetros da referência cotidiana? Por que temos tanto medo de perder nossas referências? Seremos tão importantes assim?

E quando não existem as referências, o que acontece? Desaparecemos? Talvez o que ocorra é que passemos a entrar em outro plano de existência, sentindo o que está além desta estrutura, entrando em contato com o essencial. O essencial se encontra sufocado e embrutecido pela mesquinharia do cotidiano, por preocupações menores (contas a pagar, problemas de trabalho, etc...). Estas coisas são as que dia após dia cobrem nossa existência, chegando o momento em que temos vontade de ficar loucos, dando um salto que nos permita passar para um outro plano.

Porém dar um salto neste sistema social é muito difícil e pequenos saltos (separar-se, mudar de trabalho...) já são considerados grandes suicídios sociais, pois nos levam ao confronto com a solidão do cotidiano, com a impossibilidade de termos relações afetivas de qualidade, satisfatórias, entramos portanto em uma superficialidade assumida por todos, entramos na solidão total e conectamos a miséria social.

Esta compreensão nos assusta ao seguirmos adaptados, principalmente quando alguma coisa nos diz que tudo o que estamos vivendo é mentira, uma ilusão. Talvez, como dizem os índios de algumas tribos brasileiras, a autêntica realidade seja a que é vivida em sonhos e não na realidade tangível, pois nos sonhos estamos mais perto de escutar a linguagem dos deuses. Mas quem são os deuses?

Cada pessoa pode nomear como queira, mas sempre estará se referindo à nossa parte "essencial", àquela que nos vincula ao que está além de nós mesmos. Porém entrar neste plano nos apavora, de maneira que preferimos permanecer no concreto.

Esta é a tragédia do humano à qual se referia Nietszche, que também se referiu ao super-homem como àquele que dava o salto e rompia com o cotidiano, entrando definitivamente na loucura. Este passo é subversivo, radical e transformador do quantitativo em qualitativo.

Por isso, quando em diversas situações, (as quais não citarei agora) alguém entra em crise, é possível ajuda-lo a conectar esta parte qualitativa que se aproxima, mas que teme por não entendê-la, ou então podemos deixá-lo entregue à sua ignorância e ao seu embrutecimento, se for ainda possível, pois na maioria das vezes apenas conseguimos deixá-lo na fronteira, condenando-o a não estar em lugar nenhum, a ficar num estado zumbi, onde estão muitas pessoas que se queixam do sofrimento psíquico.

Hoje, minha postura como pessoa que diariamente se depara com estas situações se reflete na minha necessidade de contar o que vejo, o que penso e o que sinto. Realmente para poder escutar e compreender a pessoa que sofre, é necessário sentir seu sofrimento e entender suas palavras, porque tudo o que tenho dito, as histórias que contei são reais, humanas e possuem sua própria lógica.

O sofrimento psíquico e sua abordagem clínica

Cada situação individual deve ser vista pelo prisma da investigação e do conhecimento, sem julgamentos e *a prioris* que são resultado de um modelo e de uma forma de conceber a realidade.

Esta posição foi adotada por Reich em sua perspectiva clínica. Abandonou a psicanálise precisamente por ser excessivamente rígida na separação entre o psíquico e o corporal. Reich desenvolveu um paradigma em que o triângulo básico de todo vivo (o energético, o corporal, o psíquico) se mantinha num estado de integração permanente e assim, começou a conceber o animal humano bem diferente da psiquiatria. Após pesquisar a conexão entre estes três elementos, passa a desenvolver toda uma terapêutica para recuperar a funcionalidade do animal humano, a integração de suas funções, como referência de saúde, a possibilidade de cruzar e caminhar em ambos os planos garantindo assim, o enfrentamento permanente com o estabelecido.

Aqui reside o paradoxo que o psicoterapeuta reichiano enfrenta, vivendo em sua própria pele situações de solidão e sofrimento ao comprovar que a ajuda que pode oferecer é limitada, pois chega o momento que ocorre o choque com a realidade, com o estabelecido, com o social, com a falta de ajuda e de recursos para potencializar os elementos pessoais.

O psicoterapeuta, como vimos no capítulo anterior, procura compartilhar da viagem às profundezas de sua "alma" com a pessoa que sofre, onde conta muito sua experiência pessoal ao atravessar seu próprio inferno e sua loucura, aliada a seu conhecimento técnico com um marco clínico, permitindo que a viagem seja positiva e possa chegar a um porto-seguro. Quando falo de marco clínico me refiro a algo bem simples, à nossa tentativa de ajudar, de acompanhar, de facilitar uma melhor existência às pessoas, de comunicar ao mundo a alegria de viver. Mas corremos o risco de querer fazê-lo sem os mesmo elementos que nos permitem, individualmente, conhecer a cada momento as conseqüências das ferramentas que estamos utilizando, porque cada pessoa tem uma loucura distinta, uma forma de perceber a realidade diferente, como escreveu Reich:[32]

"Nenhum sintoma da esquizofrenia tem sentido se não entendermos que no esquizofrênico se diluíram as linhas fronteiriças que separam o *homo normalis* do oceano orgânico-cósmico, aqui referido às funções que ligam o homem à sua origem cósmica como uma só coisa".

---

[32] "A cisão esquizofrênica" (1949). Capítulo de *Análise do Caráter*. São Paulo, Ed. Martins Fontes.

Isto posto, o psicoterapeuta que se propõe a utilizar honestamente a referência clínica deve estar aberto a introduzir elementos capazes de favorecer a funcionalidade do animal humano, sabendo a dosagem a ser utilizada. Não podemos brincar de "aprendizes de feiticeiro", colocando em funcionamento dinâmicas que não sabemos como controlar. Dispomos de mecanismos muito volúveis para manter nossa fronteira entre o plano do concreto e o plano do eterno-atemporal. É por isso que no momento de responder ao pedido de ajuda de uma pessoa que não entende sua loucura, temos que levar em consideração o que nos foi contado, anteriormente, pelos "loucos" e conhecer nossa própria loucura, trazendo assim as ferramentas técnicas que sabemos serem sistematicamente efetivas, para agrupar a funcionalidade humana, facilitando a recuperação integrada da pessoa nos enfoques energético, corporal e psíquico. Esta é a linha e o modelo de investigação e abordagem clínica que segue a Orgonoterapia Pós-reichiana.[33] E também apóia sua proposta didática, que passa, entre outras tarefas, pela exigência de que o profissional atravesse seu próprio inferno, anteriormente, no "divã reichiano" e o transmute, resgatando assim sua própria capacidade de contato, de amor e recupere seu passaporte para circular sem medo entre os distintos planos ou estados de consciência.

É nosso desafio poder integrar os distintos planos da consciência em nossa dinâmica vital cotidiana para que a loucura deixe de ser um sofrimento e contribua para potencializar nossa sabedoria e moldar uma sociedade que tenha um estado de consciência mais amplo, menos "coisificado", onde a imaginação, a espontaneidade, as manifestações amorosas e o contato com a natureza sejam seus principais atributos, os quais já pertenciam há muito à simbólica figura do louco, carta que faz parte do tradicional jogo do Tarô.

---

[33] Para ampliação de conceitos, consultar texto *Cien años de Wilhelm Reich*. Serrano, X. y colaboradores. Publicaciones Orgon, 1999.

O casal: um processo alquímico ou uma instituição perversa?

"Devemos nos dar conta de que dentro de nós há uma grande ambivalência: por um lado, desejamos e ansiamos o amor, por outro, o repudiamos por temor e nos refugiamos no cotidiano, em nossas relações mais chatas e banais."

A. Carotenuto

"Quanto à Treya e a mim, nossa atividade preferida continuava sendo bem simples: nos abraçarmos no sofá sentindo a dança da energia dos nossos corpos. Quantas vezes transcendemos nosso ser e chegamos a este lugar onde a morte é uma estranha, onde apenas brilha o amor, as almas se fundem por toda a eternidade e um só abraço ilumina as esferas, a forma mais simples de descobrir a Deus é definitivamente através de sua encarnação nos braços amorosos!"

K. Wilber

"Não quero mais luz do que teu corpo diante do meu: Claridade absoluta, transparência redonda. Limpidez cujas entranhas, como o fundo do rio, com o tempo se afirma, com o sangue se aprofunda... ...Claridade sem possível declínio. Essência suprema do esplendor que não cede nem abandona o cume. Juventude. Limpidez. Claridade. Transparência que aproxima os astros mais distantes com seu brilho.

> ...*Não quero mais luz que tua sombra dourada,*
> *onde brotam anéis de erva sombria.*
> *Em meu sangue, fielmente em brasa pelo contato com teu corpo,*
> *para sempre é de noite: para sempre é de dia".*
>
> M. Hernandez

Neste capítulo irei me referir ao casal como a um sistema humano estabelecido, que existe quando duas pessoas se encontram na vida e após sentir uma atração mútua se vinculam afetivamente por meio de uma relação amorosa, tendo um projeto de futuro comum e uma convivência cotidiana compartilhada num mesmo espaço. Evidentemente isto implica em uma maneira de "estar" e certa institucionalização, que passa a existir no momento em que há um compromisso. Não vou incluir neste conceito os encontros amorosos pontuais, nem os demais tipos de relação afetivo-sexuais. Ao falar do casal, como fenômeno humano dentro de um sistema social concreto, deve-se diferenciar o esperado do desejado, o que pode ser do que resulta, depois de um período de convívio, que sempre ocorre mediado por dois fatores que já conhecemos e deveriam também ser aplicados a este caso:

1. As condições biográfico-históricas das pessoas que constituem este casal concreto.

2. As condições de conjuntura, atuais, nas quais este sistema se desenvolve.

Partindo do princípio funcional de que todo fenômeno existe para atingir alguns objetivos, no caso do casal humano o fundamental seria facilitar o desenvolvimento de uma das facetas humanas mais básicas: a capacidade amorosa, com tudo o que isso implica e com todos os fatores psíquicos e emocionais que a dinamizam. E juntamente com a possibilidade potencial, que não é necessária, de gestação e maturação de um novo ser humano. Para tanto surgirá a necessidade de se estabe-

lecer um espaço articulado, econômico, afetivo e energético, que possa ser compartilhado com outras pessoas (comunidade, tribo...).
Porém, apesar da capacidade de amar ser individual, apenas quando o sistema facilita o desenvolvimento para seus dois membros estará cumprindo adequadamente com seu objetivo. Por isso, devemos ser conscientes de que esta particularidade é difícil de ser alcançada se a pessoa não tiver amadurecido suficientemente sua identidade, a aceitação de si mesmo e sua auto-estima, a capacidade de gestão de sua vida cotidiana e certa autonomia pessoal. Não sendo assim, o encontro pode estar sendo procurado apenas para compensar carências e se transforma na sustentação de uma relação de casal estática ou patologizante, como regra. De fato lembremos que:

> "O amor não necessita ser aprendido, pode ser permitido ou negado, pois é nosso fundamento biológico e se constitui na única base para a conservação de nossa qualidade humana, assim como de nosso bem-estar. O amor não é uma virtude. Na verdade, o amor não é nada de especial, é apenas o fundamento da nossa existência humana como tipo de primatas que somos, enquanto seres humanos".[34]

Todos, em algum momento, já sentimos o que pode promover uma relação, sentimento que está vinculado ao que pode resultar de nosso processo de crescimento e desenvolvimento pessoal, ao mesmo tempo que aferimos os limites que constantemente nos impedem de viver este processo pessoal e a relação do casal. Estes limites, que em certas situações são bem nítidos, são em geral de origem econômica, ou ainda por incompatibilidade caracterial, conseqüência dos papéis que vão se criando depois do nascimento dos filhos (que serão um divisor de águas para a relação anterior homem-mulher, convertendo-a em relação pai-mãe), etc. Todos estes são problemas que conhecemos e que trazem dificuldades. Além destes limites existem outros que não conhecemos e têm a ver com nosso próprio contorno pessoal.

---

[34] Maturana, H. *Transformación en la convivencia*. Santiago de Chile, Edit. Dolmen, 1999.

No despertar do século XXI

Recordemos que a primeira relação de casal que vivemos em nossa vida como referência, do ponto de vista inconsciente e emocional, é a que resulta da relação mãe-bebê durante no primeiro ano de vida. Nosso primeiro grande amor é nossa mãe ou um objeto primitivo que a substitua (relação objetal primitiva), e em maior ou menor grau formamos temporariamente, um casal com ela. A partir de uma análise emocional e de conduta, este vínculo pode ser examinado sob o prisma do casal. Existem poucas diferenças entre o amor e o relacionamento deste casal primitivo e a relação que têm dois amantes (logicamente, em outro contexto e cenário). E ao ser produzida durante um período de maturação psicoafetiva (ontogênese), quando se estrutura a identidade essencial e a capacidade de autonomia individual, essa relação terá grande influência inconsciente em nossa maneira de viver as relações sexuais, amorosas e na experiência do casal de adultos, em função de como tenha sido vivida essa relação afetiva de base. Também recebemos uma importante influência do período edípico (quatro a seis anos de idade) durante o qual, ao ter a possibilidade de perceber desejos sexuais mais complexos, genitalizados, de sentir nosso corpo completo e o desejo de contato com o corpo do outro, podemos observar dois processos, em função (sempre) de quais foram as vivências do período primitivo anteriormente descrito. Ou nos encontraremos com uma idealização, uma dependência e uma sensação de sermos inacessíveis, (entre outras coisas) ao objeto de desejo, ao estar vinculados às figuras parentais, vivendo uma fixação num Édipo fechado[35] e como maior conseqüência uma insatisfação sexual e afetiva permanente apoiada bioenergeticamente na definida por W. Reich, impotência orgástica, com a decorrente incapacidade de abandono amoroso de eleição e de compromisso relacional.

Ou, se durante este período vive-se um "Édipo funcional" aberto, onde o acesso a outros iguais (crianças) é facilitado sem censura e sem juízos morais, onde a relação parental é apenas uma referência para

---

[35] Ver capítulo dedicado a este tema no livro *Ecologia infantil y maduración humana*.

suas "primeiras experiências" afetivo-sexuais extra-familiares, a identidade sexual será estabelecida, e em nossa vida como adultos existirá uma capacidade suficiente de abandono amoroso e satisfação sexual, acompanhada de sua sustentação bioenergética, definida por Reich como "potência orgástica",[36] resultando na capacidade de eleição do objeto amoroso e de compromisso, baseada principalmente na satisfação afetivo-sexual que consiga viver em sua relação de casal.

Casais e tipologias

Esta última possibilidade, a do casal que ama com capacidade de potência orgástica, que iremos tratar posteriormente, nós já conhecemos e podemos descrever através das referências obtidas a partir de pessoas que finalizaram seus processos terapêuticos com a vegetoterapia caracteroanalítica (orgonoterapia) e criaram relações de casal, ou nos trabalhos de controle ou supervisão que são realizados com pessoas que amadureceram em ecossistemas familiares e sociais mais liberais, com uma relação objetal amorosa que não foi patologizante.

Mas a marca inconsciente é constatada clinicamente e é evidente que os conflitos que surgem nas relações de casal, na maioria das vezes são reflexos dos conflitos vividos durante as relações objetais primitivas e edípicas, como já foi analisado por outros psicanalistas anteriormente e com maior profundidade, entre eles, O. Kernberg.[37]

Por isso, os casais se estruturam condicionados por estas experiências históricas de seus membros, junto com a influência das dinâmicas circunstanciais atuais. Por essa razão não podemos nos esquecer que tal como observamos na clínica e na dinâmica social, o mais comum será encontrar o casal condicionado por distúrbios mais ou menos

---

[36] Para ampliar conhecimentos sobre este tema tão manipulado e distorcido por alguns intelectuais, consultar os livros de Reich: *A função do orgasmo* e *Superposição cósmica*.
[37] Ver Kernberg, O., *Relaciones amorosas. Normalidad y patologia...* Ed. Paidos, 1995.

sérios, fruto de sua biografia infantil, vivida nos períodos já analisados. Retomando esta perspectiva realista, pedagogicamente diferenciaria três tipos de casal bem definidos, em função das características individuais de seus membros e dos condicionantes descritos anteriormente: o "fusional" o fronteiriço o "neurótico".

Tendo sempre presente que é uma forma de compreender este fenômeno humano e que como ocorre com qualquer outro, não podemos generalizar, devemos abordar esta tipologia, exercendo uma epistemologia do casal e tendo bem presente a maneira de perceber a relação afetiva, as necessidades cotidianas, os anseios e as expectativas. Resumindo, o que cada um busca e exige do outro. Falo, portanto, a respeito de três modelos de casais que passam a ser instituições e permanecem juntos durante certo tempo (talvez um ano, talvez toda uma vida). Por exemplo, quando se encontra uma pessoa mais simbiótica com outra mais neurótica, estarão juntos uns meses, mas com interesses dinâmicos e motivações inconscientes que levarão com muitas probabilidades, ao rompimento da instituição. Portanto, a maioria das vezes o que é mantido é a complementaridade caracterial, e assim as necessidades, em sua maioria emocionais inconscientes e históricas.

Desta forma, procurando satisfazer anseios e carências inconscientes manipulamos nossos afetos e nossa comunicação e desenvolvemos dinâmicas patologizantes em nossos relacionamentos de casal e mesmo sem saber como nem por quê, procurando respostas e justificativas um pouco às cegas, vamos assumindo nosso desamor ou nos moldamos resignadamente a uma relação, perdendo contato com nossas necessidades e com nossos anseios, criando e mantendo uma relação perversa.

Geralmente, de uma maior dependência do objeto amoroso (o atual companheiro) podemos deduzir que houve uma maior carência a respeito do objeto primitivo. Assim, a carência de afeto cria uma necessidade compensatória, que nos leva a estabelecer relações simbióticas, numa tentativa de equilibrar a carência primitiva. Estes são os relacionamentos de casais fusionais, que ao criar laços primitivos, poderíamos mesmo dizer pré-natais, procuram por exemplo, nas relações sexuais mais afeto que sexo, sendo o eixo fundamental de sua relação sentir-se junto, resgatando a sensação de conviver preenchendo um espaço e cobrindo buracos importantes. Irá eleger pessoas que são de forma recíproca substitutos da referida carência primitiva.

Há também outro tipo de casal compensador, composto por pessoas que se refugiam na hiperatividade (de trabalho, sexual) para não parar, para não fazer contato com eles mesmos, que compensa com ciclos maníaco-depressivos bem definidos seu vazio, com o vazio que sentem na relação de casal. São os casais *fronteiriços*, que estão permanentemente em fuga, impedindo a possibilidade do encontro.

O outro tipo básico é o casal neurótico, composto por pessoas que não estão tão vinculadas à dependência primitiva e refletem uma dependência mais edípica. Isso significa que em sua dinâmica infantil o problema fundamental foi produzido durante este momento histórico, quando a relação é triangular desenvolvendo com "o terceiro" uma forte competição. Ou com o pai para conseguir a mãe ou vice-versa, produzindo-se uma séria questão com a autoridade, condicionada pelo medo da castração. Quando indivíduos com estas características se unem, surge o casal sadomasoquista, que vive uma vida dupla, pois ao mesmo tempo que aparentemente seguem um esquema de relação e um *status* comportamental de atuação, na realidade cada um está agindo individualmente e de maneira clandestina, à margem da relação com o outro. Isto não aconteceria em um casal fusional, que compõe um todo. Porém, com o casal fronteiriço, estaremos em constante calvário de altos e baixos maníaco-depressivos, tentando a todo custo fugir do encontro e da comunicação.

Sendo o casal neurótico o mais conhecido, é o casal que se mantém por ter interesses de todos os tipos (econômicos, status, comodidade emocional...). Havendo uma clara semelhança com os valores sociais de consumismo, comodismo, adaptação, evitando conflitos...

etc. A partir deste referencial, o casal se camufla no meio social levando a mesma dinâmica de cinismo, aparência e acordos tácitos que criam uma forma bem particular de se relacionar.

Em tese, afirmaria que nossa própria estrutura pessoal, seja psicótica, fronteiriça ou neurótica, está condicionando claramente nossas inclinações, nossas escolhas e nossa forma de viver o relacionamento do casal. Não somos portanto tão livres como pensamos, ainda que nos doa reconhecê-lo. Se não admitirmos essa premissa analítica não conseguiremos compreender nossos conflitos dentro do relacionamento de casal, desde que descartados os fatores de conjuntura atual tais como, econômicos, familiares, médicos etc., como sua possível causa. Se, por outro lado, conhecermos a origem de nossos conflitos atuais, sempre poderemos gerenciá-los melhor ou mesmo procurar meios para modificá-los, conseguindo assim uma maior liberdade de movimento.

Orgasmo, amor e morte

Se por um lado vamos conhecendo melhor nossa realidade relacional, não devemos negar esta parte que palpita em nosso interior, reflexo do impulso primário, da pulsação vital, do batimento da nossa condição de ser vivo que procura a expansão, e, portanto, o amor. Reflete-se na poesia, na literatura de todos os tempos, em alguns momentos durante a relação com nosso(a) companheiro(a). Momentos em que o tempo vivido supera e anula o tempo medido, e ainda que por nossos limites caracteriais e os condicionantes sociais não permaneça, intuímos que poderiam acontecer se nossos ecossistemas familiares e sociais mudassem, inclusive sabemos que acontece com alguns casais durante algum tempo... Tempo inesquecível e talvez impossível de repetir-se. Refiro-me à experiência do casal que se ama, para quem este sistema, esta instituição é uma fonte de prazer, de satisfação e crescimento pessoal para cada um de seus membros, ao estabelecer dinâmicas de comunicação e encontro permanente, porque apesar dos conflitos que isso implica, a base da relação é a escolha afetiva, sendo assim, um processo transcendental, transformador, portanto alquímico. W. Reich faz referência, em alguns de seus textos já citados, ao fato de "a experiência espiritual ser adquirida, dentre outras formas, através da capacidade do abandono orgástico no(a) outro(a)". Há dois fatores que sustentam esta idéia. Por um lado, a necessidade que todo sistema tem de intercâmbio, para não se converter em um sistema fechado e estancado. Desta maneira, o relacionamento do casal permitiria regular o funcionamento de cada sistema individual, quando existe aceitação, comunicação, empatia e sentimento de amor. Essa dinâmica se reflete no "abraço genital", momento de prazer mútuo, de abandono no outro, de fusão, de perda momentânea do "eu", da identidade cortical.

Momento em que há dois em um, permitindo um aumento do potencial energético do biossistema de cada um dos membros do casal, culminando num processo de descarga e expansão que facilita a autoregulação energética. Em síntese, falaríamos da experiência orgástica. Essa auto-regulação ajuda a manter o contato com nossa essência, com nossas necessidades e com o Todo, reduzindo nossa tendência ao embrutecimento dos sentidos e de nossa vida emocional causados pelo *stress*, pelas exigências sociais e profissionais cotidianas, reforçando o sentimento de amor por alguém que nos ajuda a viver, facilitando assim, uma "percepção ecológica",[38] e portanto espiritual e global da existência. Por outro lado, essa experiência orgástica, momentânea, que pode acontecer em alguma ocasião em que haja estas condições, é igual ao outro tipo de experiência espiritual ou mística que se obtém através do contato com a natureza, de caráter místico ou ainda com a ajuda de substâncias psicodélicas. No fundo,

---

[38] F. Capra, em seu livro já citado, explica este conceito: "Em última instância, a percepção ecológica é uma percepção espiritual ou religiosa. Quando o conceito de espírito é entendido como o modo de consciência que o indivíduo experimenta, com o sentimento de pertencer a algo e de conexão com o cosmos como um todo, fica claro que a percepção ecológica é espiritual em sua essência mais profunda..."

essa experiência tranqüiliza a necessidade de fusão com nossa mãe cósmica, amplia nossa percepção e nosso campo energético e nos coloca num plano existencial qualitativamente distinto daquele que nos obrigam as exigências e a superficialidade da vida cotidiana num meio social habitual. Por essa razão escreve Reich:

"Há uma aproximação possível para se conhecer Deus e a vida vivente: o abraço genital: uma aproximação proscrita e proibida. Nunca lhe toque! Toda criança experimentou esta angústia. Não mexa... trata-se do genital".[39]

Essa violência que exerceram sobre nosso corpo, que exercemos no corpo de nossas crianças, evitando o contato com seu corpo, a exploração e o desenvolvimento dos seus sentidos, vai reduzindo nossa funcionalidade como espécie, rompendo nossa identidade como parte da natureza. Com estes comportamentos antiecológicos se assentam as bases de nossa destrutividade por tudo que é vivo, e o discurso ecológico fica estranho e intelectual, nada emocional. Pois como vamos ter cuidado com a natureza se nosso corpo já sentiu a destrutividade na sua pele por nossa própria espécie, através da repressão da sexualidade e das expressões afetivas?

Neste sentido, cabe citar a descrição de Maturana sobre a experiência espiritual:

"A experiência espiritual é uma experiência de expansão da consciência, a percepção de pertencer a um âmbito mais amplo que o meio do próprio viver. Este espaço maior pode ser a própria comunidade humana a que se pertence, o âmbito vital da biosfera, ou ainda o cosmo como domínio de toda a existência, etc. Quem possui a experiência espiritual, vive sua trajetória sem limites, neste plano de consciência expandida. A experiência espiritual não se

---

[39] Reich, W. *Superposición cósmica* (1952). Tradución al castelhano en la biblioteca de la ESTER.

diferencia pela razão, nem fica marcada pela descrição, mas pertence ao domínio da emoção e só é conhecida como uma experiência de unidade em um âmbito mais amplo, surgindo como uma experiência de expansão da consciência do ser. A experiência espiritual é diferente da experiência religiosa porque não é associada a nenhuma doutrina ou proposta de realidade, capaz de preexistir na cultura que surja depois. Assim compreendida, a experiência espiritual é uma extensão do amor".[40]

Com esta ótica, se torna importante diferenciar *genital* de *fálico*. Reich vê a primazia do falo como uma conseqüência da realidade social e cultural, facilitando a fixação edípica, a etapa de latência, a reativação edípica na puberdade e a eleição do objeto, baseado na necessidade de satisfazer pulsões parciais ou de compensar carências, originando um tipo de relação neurótica ou simbiótica, dependendo do caso. Mas em geral, tanto na heterossexualidade normalizada (neurotizada), como na homossexualidade, existirá um claro distúrbio econômico libidinal e uma capacidade limitada de amar. Se Reich afirma a possibilidade de que haja relações amorosas e genitais, é pelo fato de ser a genitalidade mais uma utopia que uma realidade social, e neste sentido, não existe o prazer genital e sim prazeres secundários. Geralmente, o orgasmo não é conhecido, mas o acme sim. Não existe genitalidade, mas a sexualidade masoquista, fálica, porque é a relação familiar, reprodutora do sistema, a que condiciona a existência destas situações. Isso pode e deve mudar, substituindo o autoritarismo pela autoridade, a lei social pela norma racional. É aí que percebemos a validade do trabalho clínico e profilático conjunto. Este é o desafio de Wilhelm Reich. Quando o discurso intelectual deixa de ser funcional e passa a ser uma masturbação mental compensatória, Reich abandona o discurso psicanalítico e se dedica a construir e pesquisar meios para transformar as coisas.[41]

---

[40] Maturana, H., *Transformación en la convivencia*. Santiago de Chile, Ed. Dolmen, 1999.
[41] Serrano, X. y Pinagua, M. S., *Ecología infantil y maduración humana*. Valéncia, Publicaciones. Orgon, 1997.

Por isso, não é habitual a experiência orgástica, pois em geral está bastante reduzida, assim como a capacidade de transcendência Sua função seria a descrita. Também levando em consideração que, quando falamos de orgasmo, não nos referimos aos momentos de descarga e de prazer intenso que se pode viver na relação sexual. Refiro-me a:

"Esta experiência terna e contínua de amor, contato, entrega natural e deleite corporal é o cativeiro desejado que acompanha todo casal que cresce de modo natural. O abraço genital aparece como a consumação deste prazer constante. O orgasmo é uma convulsão unitária de uma unidade de energia, que muito antes da fusão, eram duas unidades, e que depois dela, voltará a se constituir em duas existências individuais. [...] significa uma verdadeira perda da individualidade [...] produzida em dois organismos e não é algo que se possa adquirir. Não é possível ter um orgasmo com qualquer pessoa, nem arranhando ou mordendo. [...] O contato orgástico ocorre ao organismo [...] Se produz apenas em presença de outros organismos determinados e está ausente em quase todos os demais casos..."[42]

E com as dificuldades caracteriais, reflexo desta repressão sexual-afetiva, podemos ver como somam as condições sociais que dificultam o ritmo necessário para poder cultivar uma relação, uma comunicação cômoda e serena. Estas dificuldades podem gerar um ambiente de conflito, agressividade e exasperação, porque é o lugar das descargas individuais de toda a frustração social acumulada. É o espaço introjetado como "bom", com o qual caímos de novo na armadilha, pois dilapidamos um dos poucos espaços que podem nos ajudar a crescer. E por outro lado, nossos medos apóiam esta armadilha dando-lhe uma justificativa intelectual: Por que me abandonar a alguém, se mais cedo ou mais tarde esta pessoa vai me decepcionar, me traindo ou me deixando? Por que confiar nesta pessoa? A capa-

---

[42] Reich, W., *Superposición cósmica*. (1952).

cidade de amar só se desenvolve se nos colocarmos numa posição de não termos nada a perder. A marca neurótica aparece e, as duas pessoas, neste teatro da comunicação, se percebem fazendo a mesma pergunta, ninguém confia no outro. Cria-se assim, todo um comportamento baseado nesta dúvida interna, reforçando esta armadilha. E talvez devamos nos lembrar que, somente quando nos abandonarmos a algo que escolhemos conscientemente e nos arriscarmos, conheceremos o prazer da experiência e se depois perdemos, o que ninguém pode nos tirar, é o fato de ter sentido a experiência do risco, que supõe em grande medida a experiência do viver.

Por isso, a experiência do casal implica compartilhar o *modus vivendi* diário, enfrentando as dificuldades do meio, o que significa nos atrevermos a nos comunicar, permitindo ao outro que entre em nossa pele, sem defesa, compartilhando e confiando, nos abandonando... Atingir esta atitude é difícil, pois nos protegemos muito de nós mesmos; imaginem então o quanto nos protegemos do outro.

Essa atitude implica nos atrevermos a pesquisar sobre a parte oculta que vive em cada um de nós (o masculino e o feminino) para fusionar os dois aspectos criando a imagem do casal alquímico complementar, que pode ser visto em alguns desenhos de época, em que duas pessoas montadas num cavalo vão avançando por um caminho, rodeadas pelo símbolo da busca do conhecimento, que será adquirido através da recuperação da polaridade. Para tanto, de acordo com esta linguagem, é necessário deixar que o outro penetre e se permitir penetrar no outro.

A este fato, Reich se refere com o termo já citado "abraço genital", e que anos antes, um colega seu, G. Grodeck, havia descrito através de uma grande prosa poética, usando a forma literária do final do século XIX:

"Amor e morte possuem pontos comuns. Essa sensação do morrer também acontece quando o homem se derrete de prazer, quando o gozo lhe faz perder os sentidos e a consciência, quando se perde no

---

[43] Groddeck, G., *El libro de ello*. (1923). Ed. Taurus, 1973.

outro. Os gregos davam a Eros os mesmos atributos da morte... Outra coisa é saber se todos os homens chegam verdadeiramente a esta morte, em que o homem se perde na mulher e a mulher no homem; isto eu não sei, mas de todas as formas, no contexto cultural em que estamos inseridos, considero quase impossível se alcançar tal estado".[43]

Sendo esta linha de pesquisa e de crescimento o que permitirá a existência do casal funcional amoroso, que desenvolve o objetivo inato para o qual foi criada: facilitar o próprio caminho de crescimento pessoal através da interação relacional cotidiana, baseada no amor. Aproveito para diferenciar o amor da paixão, podendo se comparar com a beleza e aspecto fugaz dos fogos de artifício. O amor é igual a compromisso, permanência e eleição durante um tempo determinado para poder desenvolver objetivos que são cumpridos porque há uma capacidade de entrega, que dia a dia vai sendo alimentado; é um termo absoluto, igual a saúde ou alegria, que não possuem medida, diferente da paixão, que possui. Sendo este o motor e a lógica pulsional e emocional que sustentam o início do processo amoroso. Aproveito o tema para introduzir as palavras do já falecido e admirado poeta e intelectual comprometido, Octavio Paz, que escreve em sua obra *La llama doble*:

"O amor é feito de contrários, que não podem se separar e vivem sem cessar em luta e reunião consigo mesmos e com os outros. Esses contrários, como se fossem planetas do estranho sistema solar das paixões, giram em torno de um único sol. Este sol também é duplo: o casal: contínua transmutação de cada elemento: a liberdade escolhe a servidão, a fatalidade se transforma em eleição voluntária, a alma é corpo, e o corpo, alma. Amamos um ser mortal como se fosse imortal. Lope disse melhor: o que é temporal chamemos de eterno. Sim, somos mortais, somos filhos do tempo e ninguém se salva da morte. Não só sabemos que vamos morrer, mas que a pessoa que amamos também morrerá. Somos os brinquedos do tempo e de seus acidentes: a doença e a velhice que desfiguram o corpo e extraviam a alma. [...]. O tempo do amor não é grande nem pequeno: é a percepção instantânea de todos os tempos em um só, de todas as vidas em um instante. Não nos livra da morte, mas nos faz ver sua cara. Este instante é o reverso e o complemento do 'sentimento oceânico'. Não é o regresso às águas de origem, mas a conquista de um estado que nos reconcilia com o exílio do paraíso. Somos o teatro do abraço dos opostos e de sua dissolução, afinados em uma nota que não é de afirmação nem de negação, mas sim de aceitação. O que vê o casal no espaço de um piscar de olhos? A identidade da aparição e da desaparição, a verdade do corpo e do não corpo, a visão da presença que se dissolve num esplendor: vivacidade pura, pulsação do tempo."

Tanto a frase de O. Paz como a anterior de G. Grodeck refletem a associação do amor com a morte. Morte associada à momentânea perda do eu nestes momentos de dissolução no outro. Amor como aquilo que freia a tendência de morte em vida, a paralisia, a superficialidade e a angústia.

Crise e temporalidade

Também podemos ver a idéia de morte vinculada ao casal sob outro aspecto: a temporalidade, o final e a perda. Devemos considerar que independentemente da tipologia do casal, sempre ele se constituirá numa relação temporal. Podemos seguir compartilhando o espaço, mas a relação termina, também pode terminar bruscamente com a morte de um dos seus membros. Mas como qualquer fenômeno humano, há um princípio e um fim e não assumir esta realidade nos leva a outra armadilha. O medo de perder o conhecido, ainda que seja insustentável, daninho e inclusive violento, nos leva a desenvolver mecanismos perversos, em ocasiões sadomasoquistas dentro do relacionamento, capazes de anular os processos individuais de crescimento. De maneira egoísta estamos instrumentalizando o outro, por nossa própria fraqueza, por medo do vazio e da solidão. Realmente este medo da solidão é uma ilusão, porque nestes momentos, mesmo convivendo com alguém, pode-se estar sozinho, com a sensação de putrefação com um diálogo morto, cínico, as vezes inexistente, vivendo uma rotina ritualizada, capaz de alimentar o sentimento de vazio e de angústia existencial. Mas preferimos agonizar, ir morrendo pouco a pouco, do que arriscarmos a matar algo, porque isto significaria ter que tomar uma postura ativa, de transformação. Assim escreve um especialista discípulo de Jung:

> "O abandono, como a morte, não se pode evitar. Podemos inventar nossa história, mas só o começo, jamais podemos saber como vai terminar. Quando nos apaixonamos, começamos algo que logo escapará do nosso controle, tomando seu próprio curso. O amor contém as premissas e as promessas da eternidade, mas também o gérmen da destruição".[44]

Observamos que geralmente as separações são dramáticas. Mas será realmente necessário que se chegue a este momento em que a ruptura do relacionamento acontece, porque já não é mais possível viver o ódio, a destrutividade e o assassinato, simbolicamente falando? Como se explica o fato de duas pessoas que viveram juntas uma relação amorosa acabem se destruindo? Antes que isso aconteça, para prevenir, ou talvez no momento em que ocorre, surge a necessidade de um terceiro, sendo esta a lógica na qual se baseia a psicoterapia.

É preciso anular o medo, a estagnação e a passividade, e questionarmos nossa forma de relacionamento com nossos companheiros e com nossa família, assumindo e interando os componentes capazes de seguir oxigenando essa instituição. Reconheçamos neste sentido a contribuição de Reich em relação à análise do que se supõe ser uma instituição familiar para o desenvolvimento e manutenção desta ideologia e desta dinâmica social.

---

[44] Carotenuto, A., *Eros y Pathos*. Santiago de Chile, Ed. Cuatro Vientos, 1994.

A crise pode levar a um reencontro que será distinto, já que um novo casal será formado em outros moldes, criando uma instituição diferente; ou pode acontecer que se chegue à conclusão de que, realmente, o mais funcional é começar a ter vidas distintas, onde se dê a possibilidade de encontrar outras pessoas e desenvolver nosso projeto pessoal. Assim estaremos evitando permanecer em uma situação cotidiana de constante angústia e dinâmicas psicopatológicas. Mas antes é necessário reconhecer que estamos na escuridão de um poço e tentar buscar a luz, porque a crise, como digo, pode ser uma experiência necessária e renovadora.

E se a crise conduzir à separação, será outro momento necessário e funcional. Este final pode ser agonizante ou transformador. Evidentemente haverá dor, luto, resultando em adaptação e mudanças, mas a decisão, seja qual for, sempre será mais bem planejada se for vivida de um prisma transformador do que se cairmos no caos e na passividade, deixando que o tempo passe, simplesmente porque não somos capazes de assumir nossa responsabilidade e nosso medo. Porque de fato ninguém tem direito de brincar com o tempo do outro. Quantas vezes no consultório já ouvi: "Você me enganou durante 15 anos, fazendo que eu pensasse que me amava e fez com que eu perdesse os melhores anos da minha vida". Por medo, por insegurança, nos aferramos ao conhecido, manipulando o outro, criando assim, instituições perversas, reprodutoras da ideologia dominante, incapazes de romper situações atuais. Uma alternativa terapêutica dentro do modelo pós-reichiano seria a abordagem clínica do casal e da família com a psicoterapia breve caracteroanalítica (P.B.C),[45] que possui como objetivo básico o assumir a crise por ela mesma de maneira a nos darmos a possibilidade de encontrar seu aspecto criativo, trabalhando e assumindo a destrutividade. O psicoterapeuta irá buscar a recuperação da capacidade de comunicação, enfrentando as duas pessoas com uma perspectiva de respeito, escuta e tolerância e verá ressurgir a razão; a partir da qual será possível o desmas-

---

[45] Ver minha monografia *La psicoterapia breve caracteroanalítica*. Publicaciones Orgon.

caramento, a revelação do outro, a tolerância e a integração mútua das mudanças necessárias para o desenvolvimento positivo de cada um dos membros do casal, sem esquecer a situação familiar como um todo. Por isso é que o tratamento deverá ser único para cada casal, assentado sob bases clínicas comuns: conhecimento da estrutura caracterial de cada membro do casal, do tipo estrutural de casal que desenvolveram (através do Diagnóstico Estrutural D. I. D. E.) e das condições conjunturais atuais. A partir daí, criamos uma estratégia clínica, usando a análise do caráter, a intenção paradoxal, a empatia, o uso de um código de linguagem comum, resultando numa interpretação para cada membro do casal e demais ferramentas afins tanto do modelo pós-reichiano como da logoterapia, da gestalterapia analítica e da terapia sistêmica.

Conseqüências familiares ante a ruptura do casal

O fim da relação do casal vai levar, como vimos em muitos casos, ao final da convivência com a família histórica. Acho importante refletir sobre algumas particularidades produzidas quando o casal foi se transformando em família e para quem a separação terá maiores condicionantes. A decisão de com quem irão viver os filhos se soma aos fatores econômicos e afetivos, podendo existir o espaço para a manipulação, chantagem e destrutividade, com o agravante de que nestes casos são os filhos que vivem de maneira dramática a conseqüência da falta de integração do fim.

Um final que deve acontecer quando se tenha vivido o tempo necessário para encarar as crises comuns, quando se tenha buscado e colocado todos os meios conhecidos (inclusive a ajuda de um profissional) para superar os conflitos cotidianos (distanciamento, silêncios, falta de desejo, incompatibilidade caracterial, diferenças na forma de conceber a vida cotidiana, infidelidade...) e se chega à conclusão de que a saída é a separação, mesmo levando em conta a dor que possa resultar. Para os filhos, inclusive, é melhor a separação do que viver em um ambiente de insatisfação permanente, de negação, indiferença, violência latente ou manifesta. O que se deve analisar, geralmente com a ajuda de um profissional, é a forma de concretizá-la, o momento mais adequado para legitimá-la, em função da idade e de outras circunstâncias específicas.

Por ser este um tema complexo, exige uma análise profunda de todas as variáveis que condicionam a realidade de cada família, avaliando tanto a situação atual como as perspectivas de futuro de cada membro, tendo como objetivo a integração da mudança e da nova situação, ou seja, a dinâmica que menos altere o equilíbrio pessoal. Sou da opinião de que toda mudança que tenha uma lógica funcional pode ser muito favorável se for elaborada e integrada adequadamente. Por isso, este passo deve ser refletido e elaborado, definindo um comportamento, o mais razoável possível, levando em consideração a realidade do outro e dos filhos e não apenas a própria, muito influenciada neste momento pelas emoções e estados de ânimo que acompanham tal decisão (depressão e abatimento, ódio, hiperexcitação e desejo de fuga, "vitimismo" e lamento, culpabilidade...) e que podem mascarar o contato com a realidade. Por isso consideramos importante que se procure ajuda com um especialista em sistemas humanos que facilite um espaço para poder recuperar este contato e avaliar as coisas em seu conjunto, além do estabelecido pela lei, que pode muitas vezes ser manipulada. O profissional também deve avaliar essa realidade de maneira global e para tanto, deverá realizar sessões com o casal e com a família (com os filhos que tenham mais de seis anos), propondo meios para que seja o próprio sistema familiar que assuma as decisões pertinentes, de forma consciente, responsável e assumida por todos os membros do grupo. Se a situação desequilibra algum dos membros, ou é previsto que isso possa acontecer, é aconselhável uma psicoterapia breve ou de apoio com outro colega especializado, no sentido de não criar interferências relacionais no espaço da terapia familiar.

No despertar do século XXI

Ainda no plano geral, o que não é indicado para todos os casos, como já disse anteriormente, mas pode servir de referência, considero importante que a partir de uma idade (quatro a seis anos, dependendo do caso) os filhos participem do processo para poder integrá-lo com seu ritmo e com sua forma. Não se pode esquecer que se desdobra um processo de luto como perda de uma realidade relacional, com o qual em princípio, nada voltará a ser como antes. Esta realidade poderá ser ainda mais satisfatória, porém ela ainda é desconhecida. E quanto mais agradável tenha sido, mais luto existirá. Porque os adultos, nestas horas – como mecanismo de defesa, propõem a ruptura – tendem a ver só o lado negativo da relação, enquanto as crianças, diante desta perda, costumam lembrar e ver o positivo, principalmente os menores. Isto ocorre porque, em princípio, os motivos que provocam a separação não são vividos pelos filhos diretamente, ainda que possam sentir-se como protagonistas e culpados do que acontece com seus pais, tema este que deve ser trabalhado no espaço terapêutico. Assim, não podem assimilar a mudança com o ritmo exigido, pois não vêem a lógica racional que sustenta tudo isso. Daí a importância de participar no processo de mudança, inclusive opinando sobre seu futuro, ajudando a procurar a lógica da situação e evitando o contágio com os afetos contaminados que podem manipular sua frágil capacidade de decisão, que deve ser realizada em função de seus interesses de desenvolvimento vital e cotidiano, procurando que tenham a menor repercussão com a decisão dos pais. Por isso torna-se importante avaliar o espaço com o qual se identifica, o lugar onde está localizada sua escola, a facilidade de acesso aos amigos e aos seus compromissos... E isso, supõe conhecer também a nova realidade cotidiana de seus pais, por exemplo, sua disponibilidade de cuidado e atenção cotidiana, a convivência com outras pessoas, a eleição dos outros irmãos...

Neste sentido há uma unanimidade entre os especialistas que consideram que a convivência com uma terceira pessoa, isto é, com o/a novo companheiro/a, deve ser postergada por um tempo e ser introduzida pouco a pouco na realidade dos filhos, respeitando o ritmo de integração e adaptação às mudanças, em função da idade e da personalidade de cada criança. Também considero fundamental que durante um período inicial os pais continuem se encontrando com os filhos em alguma atividade em comum (cinema, parque, almoços, futebol...) relacionada com a idade dos filhos e com as demais variáveis antes expostas, em função das necessidades e possibilidades de todos. Mas deveria ser um comportamento para ser integrado diariamente e a ser aceito desde o princípio com naturalidade pelos novos companheiros dos pais.

Quando ocorre a ruptura do casal e como conseqüência a convivência familiar, não há razão para se romper também com a convivência familiar. E se os novos companheiros dos pais têm filhos e tem início uma convivência com eles, devem ser integrados como uma nova família, dentro da concepção mais próxima de uma relação tribal, baseada nas funções de parentesco. O objetivo seria a convivência racional e amorosa de todas as pessoas que vão fazendo parte do circuito afetivo e relacional dos pais e dos filhos, da mesma maneira que deveria ocorrer com amigos e amigas tanto dos pais quanto dos filhos. Não há lógica funcional em separar o amigo ou o namorado de nossa filha da nossa relação familiar (mesmo que seja pelas noites) porque não estão casados. O que sustenta esta decisão é uma lógica ideológica ou religiosa que fragmenta uma vez mais a realidade e, portanto, prejudica a comunicação.

Esta diferença entre ruptura de casal e da relação familiar se contrapõe às tendências comportamentais de algumas sociedades ocidentais, em particular os Estados Unidos, e se reflete em algumas sociedades latinas, em que é muito evidente, tanto pelo *modus vivendi* quanto pelas mensagens através dos filmes de massa, que a separação do casal supõe a ruptura da relação familiar, sendo o novo pai ou a nova mãe aquela pessoa que passa a conviver em nosso novo espaço familiar. Logo, os filhos passam a ter dois pais ou duas mães. Uma que já não está e a quem vê uma vez ao mês ou nas férias, e a outra, a atual companheira (ou esposa) do pai. Isso tem sentido em uma sociedade em que não existe uma identidade histórica com todas as conseqüências que isso implica mas não tem cabimento em sociedades com identidade própria e que, portanto, devem facilitar a identidade pessoal, apoiando a realidade histórica, sem ambivalências.

Conseqüentemente e apesar dos conflitos que esta realidade pode supor para as novas convivências é uma postura madura e funcional facilitar a relação com cada um dos pais (sempre que estes tenham vontade e que seja do agrado dos filhos sem manipulação dos adultos), e ao mesmo tempo se procurar pequenos espaços referenciais, sobretudo durante os primeiros anos da separação, de convivência com a família histórica, incluindo (por que não...) os parentes mais próximos e com mais vínculos afetivos.

Protegidos em nosso caminho

Como clínico, sou consciente de que todas estas premissas são difíceis de serem alcançadas, muitas vezes, impossíveis, porque nossos condicionantes históricos inconscientes, nosso caráter, irão mascarar nossa percepção e contaminarão nossa razão e nossos afetos, fazendo emergir o ciúme, a rivalidade, a destrutividade, enfim tudo o que nasce fruto de uma experiência de mudança não assumida nem suficientemente elaborada. Por isso, devemos fazer um esforço racional para sozinhos, ou com ajuda de alguém, tentar viver este processo conscientemente como uma experiência necessária e facilitadora do processo vital de cada um dos membros do casal-família. Não como um fracasso ou como uma perda irreparável. Não é uma morte real. Nossa vida continua e nunca poderemos saber o que vai acontecer. Mas se queremos continuar em movimento, devemos seguir mantendo o prazer do movimento vital consciente. Para isso devemos reconhecer a honestidade e a valentia necessária para dar um passo como este, sempre, repito, que seja algo elaborado com um ritmo, com o tempo suficiente de permanência na crise, a partir de uma decisão conjunta que implica enfrentar as conseqüências, também em conjunto.

Com isso, sempre proponho que a decisão da separação funcional, consciente e coerente de um casal, aconteça quando se percebe que a relação não traz mais benefícios para uma das duas pessoas, podendo ser considerado como o último ato de amor dessa relação. Existe uma infinidade de mecanismos para perpetuar algo que está ficando obsoleto, pela própria dinâmica institucional, porque simplesmente todo humano é temporal. Ao ser humano custa muito assumir sua temporalidade, e isso nos leva ao paradoxo de compreender que mesmo sabendo que a vida se acaba, se estivermos conscientes do momento compartilhado, este será mais intenso do que se nos iludirmos que somos eternos. Isso pode ser transferido para o relacionamento. Se sentirmos que a relação pode terminar, a intensidade que irei viver no dia-a-dia com meu companheiro será maior e irá se converter numa experiência vital totalmente contrária se me deixo influenciar pela necessidade de permanência, apoiada na irreal idéia do eterno. E quando chegar o momento da morte da relação, estaremos preparados para morrer juntos e iniciarmos uma nova transmutação individual.

Lembro-me do caso de uma mulher de 27 anos, exemplo de tantos casos atendidos nestes anos de ofício, que chegou ao atendimento de um colega com uma crise de angústia, taquicardia, insônia, fadiga e falta total de desejo sexual. Era atrativa e vital, mas estava entrando num estado de ânimo depressivo e confuso, pois não entendia o porquê de seus sintomas. Indagando sua história e descartando variáveis ao aprofundar sua vida sexual e seu relacionamento de casal, percebeu o problema: não queria aceitar a falta de amor por seu companheiro, por medo de machucá-lo. Viviam juntos havia três anos, mas a relação já durava oito. Foi sua primeira e única experiência sexual e durante os primeiros anos foi bem agradável e estimulante, mas a partir do primeiro ano de convivência tudo mudou; começou a sentir repulsa por ele e por sua maneira de se comportar, que era diferente: tinha se convertido numa pessoa tosca, esquiva, autoritária, irritável. Tinha deixado de ser afetivo e criativo, e ela não o suportava. Mas não queria machucá-lo e ia suportando tudo isso, porque quando lhe falava de seus sentimentos ele reagia com tristeza e com promessas de que iria mudar, com afirmações que refletiam seu suposto amor por ela. A hipótese que eu e meu colega levantamos foi que ao não poder aceitar conscientemente as conseqüências de seu desamor, seu caráter se desestabilizou e seu corpo começou a somatizar, a emagrecer, a viver uma clara disfunção psíquica e neurovegetativa. Em toda abordagem psicoterapêutica é bom considerar tanto as condicionantes históricas que influenciam inconscientemente a percepção e a vivência dos fatos, quanto o peso dos fatores atuais. Sendo este um caso para o enquadre de atenção em crise, o principal era enfrentar este fator atual para que a partir daí fossemos aprofundando os mecanismos subjetivos, caso necessário e se a paciente pudesse enfrentá-los. Por isso, definimos como foco a crise do casal e finalizadas as sessões de diagnóstico meu colega propôs que ela começasse uma terapia de casal, com um especialista. Seu companheiro concordou e me solicitaram tratamento.

Durante várias sessões estivemos analisando a vida do casal, considerando as dinâmicas que puderam desenvolver suas potencialidades, esclarecendo ao mesmo tempo os limites e a realidade sistêmica do casal. O companheiro tinha 30 anos, estava vivendo uma etapa de grande desenvolvimento profissional e econômico, e não entendia o "desamor" de sua companheira, "agora que estava tudo tão bem...", mas durante as sessões foi se confirmando a mudança sofrida na relação, à qual ela se referia, mas tendo bem claro que "continuava querendo do mesmo jeito". Progressivamente, diante dos resultados das propostas clínicas, os dois foram assumindo a realidade empobrecida e insatisfatória que viviam e se lembrando das tentativas frustradas de mudança que tinham vivido nos últimos meses. O companheiro também assumiu ter tido uma experiência sexual com uma colega de trabalho, reconhecendo sua contradição e seu medo de perder a estabilidade cotidiana. Esclarecida a realidade do casal, só lhes restava um tempo para refletir e tomar alguma decisão. Na sexta e última sessão eles decidiram se separar. Ao cabo de um mês a paciente me ligou para dizer que se sentia feliz e que haviam desaparecido os sintomas, que se encontrava outra vez vital e alegre. Havia marcado hora com meu colega, que me confirmou tais mudanças. Seu ex-companheiro também me ligou para comentar que ainda tinha esperanças de que ela o quisesse outra vez, mas que também estava aberto para outras relações e se encontrava bem estável. Passados seis meses, meu colega comentou que em uma sessão de rotina com a paciente, soube que ela havia começado a se relacionar com um outro homem e que suas relações sexuais eram satisfatórias, que se sentia muito bem. Também comentou que seu antigo companheiro havia reiniciado outra relação estável e haviam conseguido manter entre eles uma comunicação tranqüila e com certa amizade.

Evidentemente há situações em que assumir a crise permite um reencontro e um amadurecimento na relação do casal, mas há outras, como neste caso, em que a solução para ambos os sistemas individuais leva ao rompimento do compromisso e à mudança da relação, permitindo abrir-se a um outro encontro, com outras novas pessoas. O medo da solidão, de machucar ao outro, do desamparo social e econômico, das conseqüências para os filhos, quando existem, etc., mantém suspensa, durante anos, uma relação insatisfatória e empobrecedora. Por isso é importante considerar soluções radicais, o mais cedo possível.

W. Reich se referia ao divino como esta parte instintiva e inata que levamos dentro de nós e que nos impulsiona para a expansão, para a busca do conhecimento, do movimento vivo e da criatividade. E ao diabólico como o que impede que esta potencialidade se desenvolva, por haver permitido que nos "possuísse" (introjeção) por modelos de comportamento baseados na repressão ao Vivo, na imobilidade e na resignação. Ele considera que é precisamente no casal e na família, como sua ampliação, que esta polaridade aparece de maneira mais viva e assumida. É por isso que ela pode ser tanto um espaço para potencializar nosso processo de desenvolvimento pessoal, quanto se converter em uma instituição perversa, que não apenas limita meu próprio movimento, mas através de mecanismos inconscientes pode limitar os de meu companheiro/a.

Por isso, devemos avançar, individualmente, numa relação de casal funcional e em coletivos democráticos para conseguir sempre recuperar o divino, tantas vezes escurecido pelo diabólico, capaz de disfuncionar o impulso instintivo da natureza e nos separar de nossa parte essencial, deste pedaço de cosmos que levamos dentro de cada um de nós e que muitas vezes esquecemos, fazendo nos sentir sozinhos, ao invés de parte do Todo.

Vida e morte

Tributo à Tanatologia

"Dizem-me os astrofísicos que o universo começou a ter realidade material e evolutiva entre dez e vinte bilhões de anos atrás. Pois bem, se isso for correto – e eu acredito –, a realidade vivente do meu corpo, músculo habitante de um minúsculo planeta, teve existência somente durante um lapso de tempo muito menor que o mais rápido piscar de olhos [...] Eu não sou mais que um instante no curso temporal do universo".

P. Laín Entralgo

"No Instituto de Estudos Avançados de Austin, Texas, pesquisam máquinas que, segundo seus inventores, podem tirar energia do espaço vazio. [...] Mas a energia do vazio é bem real. Segundo a física moderna o vazio não é o nada. Mesmo no zero absoluto, a temperatura onde cessa todo movimento, move uma atividade que não vemos (energia do ponto zero)".

P. Yam

"O destino não é mais que uma máscara, como máscara é tudo o que não é morte".

Cioran

*"Espiramos do todo. Prodígio absoluto!
como foi plena a felicidade de nos olhar abraçados,
abertos os olhos para cima por um instante,
e em seguida para baixo com os olhos fechados!
Mas não morreremos. Foi tão cálida a
consumação da vida como um sol, seu olhar.
Não é mais possível perder-nos. Somos plena semente.
E assim a morte foi fecundada. pelos dois".*

Miguel Hernandez

A Tanatologia surgiu na França há mais ou menos trinta anos, com o objetivo de estudar todos os fenômenos vinculados à morte, reintegrar esta experiência na vida e no quotidiano social, atenuando os comportamentos tanatofóbicos, defendendo uma morte digna, pela integração progressiva de seus conceitos na educação infantil, considerando os aspectos escatológicos (esperança em um além) e analisando-os de uma perspectiva multifocal (antropológica, religiosa, etnológica, mística...) Analisarei neste ensaio alguns temas desta disciplina, com o objetivo de contribuir para seu desenvolvimento científico-interdisciplinar.

Morte e vida

Lembrando o que diz E. Morin, que um dos elementos que diferenciam a espécie humana do resto dos animais é a consciência de sua morte e de que a morte existe, aprofundemos a idéia da morte lembrando suas três dimensões, segundo Mishara:

1. A morte psicológica, que ocorre com todas as pessoas que são testemunhas de matanças e experiências trágicas relacionadas com a morte (foi observado que pessoas que sobreviveram a Hiroshima possuem uma vida um tanto desnorteada). Conti-

nuam vivos, mas estão totalmente traumatizados pelo impacto da morte por não terem sido eles que morreram. Mishara define esta morte psicológica em relação aos pacientes psicóticos, precisamente porque não têm contato com o corpo. Estão mortos de um ponto de vista autoperceptivo. Isso tem muito a ver com a visão de Reich da esquizofrenia como veremos a seguir, porque no psicótico uma das características é precisamente esta. A falta de percepção do seu próprio corpo como entidade global faz com que esteja muito mais próximo, em certas ocasiões, ao campo energético externo e por isso, os fenômenos místicos e religiosos lhe são tão familiares.

2. A morte social: os presos, os marginalizados pela sociedade, a terceira idade em residências, todos os que não desempenham um papel ativo na sociedade criam sentimentos de anomia, sentindo que não fazem parte do seu meio.

3. A morte física, que em sua definição jurídica se baseia fundamentalmente na existência ou não de uma determinada curva de ondas cerebrais, enquanto com os órgãos artificiais, é a morte cerebral que serve de referência.

Existiria outra dimensão, a morte bioenergética, que iremos analisar mais para frente.

W. Reich, a partir das investigações biofísicas realizadas nos seus últimos anos de vida, introduziu o conceito orgônico diferenciando-o do eletromagnético ou metabólico. Uma energia que seria geradora, original ou energia-mãe de outras forças energéticas. Também se pergunta pelo princípio funcional comum a toda a natureza, chegando à conclusão de que este é o movimento de pulsação. Em função disso, afirma que não existem o vivo e o morto, mas sim diferentes estados que, regulados pelo mecanismo de pulsação que se desenvolve, ou de forma homeostática (catabolismo e anabolismo), característica do Vivo, ou como um processo de catabolismo, unicamente quando existe um desprendimento paulatino e progressivo de energia, mas sem a capacidade de absorção da mesma, característica do não-vivo.

Para que exista uma capacidade de pulsação e de vida, é preciso que haja fatores que o permitam. Se estes não favorecem a situação vital, haverá uma redução na capacidade de pulsação e uma tendência à morte. Sobre isso, Reich escreve:

"A biofísica orgônica reduz todas as manifestações de vida à função biofísica básica da pulsação. O processo de vida consiste fundamentalmente em uma contínua oscilação no organismo como um todo e em cada um dos órgãos individuais entre a expansão e a contração. A saúde se caracteriza pela regulação da energia, e pela plenitude destas pulsações em todos os órgãos. Quando existe dominância de uma parte do sistema nervoso vegetativo, falamos de vagotonia ou de simpaticotonia crônica. A contração crônica do biossistema leva a espasmos musculares e a preponderância crônica da atitude de inspiração, como conseqüência, produz um excesso de ácido carbônico nos tecidos (*warburg*), um processo de encolhimento e perda de substância corporal que culmina na caquexia... A morte do organismo vai acompanhada do *rigor mortis*, que nos mostra com toda clareza a contração do sistema vital... O tecido morto não mostra um aumento do potencial bioelétrico na pele, o que significa que a fonte de energia biológica se extingue... Primeiro encolhe o campo de energia orgônica que rodeia o organismo e logo ocorre a perda de orgon nos tecidos..."[46]

Pulsação vital e envelhecimento

Falar de morte, neste sentido, será sempre uma abordagem relativa à doença e ao processo de envelhecimento, pois se não houver uma

---

[46] Reich, W., *La biopatia del cáncer* (1948). Buenos Aires, Ed. Nueva Visión, 1985.

enfermidade aguda, a pessoa morrerá de uma doença progressiva, vinculada à debilidade e à degeneração da pulsação e da célula.

Mishara identifica cinco causas do envelhecimento:
1. Uma disfunção progressiva do sistema imunológico.
2. A existência de mecanismos de envelhecimento inerentes às células. Não faz muito tempo, acreditava-se que as células eram anormais. Acreditava-se que pudesse ser não imortal – porque o conceito de imortal é um conceito abstrato, metafísico – mas não mortal; porém há pouco tempo se soube que a célula só pode sofrer um determinado número de divisões. O número varia de uma célula para outra e de uma pessoa para outra, mas costuma ser, no mamífero humano, de umas 50 reproduções. Isso se deve à codificação deficiente e à perda de informação das células determinadas por um defeito da molécula de ADN, o que pode provocar a morte celular. A acumulação de resíduos nas células e a redução da taxa de oxidação celular provocam a perda da função e a morte celular (que pode ser vinculada à idéia de Reich de morte celular, pela diminuição da pulsação ligada a um processo de contração progressiva, favorecido pela falta de oxigenação celular, que estará relacionada ao *modus vivendi* de cada um, nossa forma de respiração, a existência de uma couraça muscular, falta de capacidade orgástica, etc.).
3. As alterações do sistema endócrino.
4. Os responsáveis genéticos, e
5. A teoria do desgaste, do resíduo de Selye e da degeneração celular.

Com o foco no conceito da degeneração celular, sabemos por Reich que a maior capacidade de pulsação corresponde uma maior capacidade de absorção energética do indivíduo e, portanto, maior capacidade de vida, tanto no nível de qualidade como de quantidade.

Este conceito faz parte da chamada lei do potencial orgonômico, segundo o qual a manutenção de vitalidade do organismo é regida sempre pelo fato de o corpo mais carregado absorver energia do meio menos carregado, tanto em âmbito celular quanto de organismo. Em sua totalidade isso significa que o biossistema por si só está retomando e absorvendo energia do exterior, que tem uma menor carga energética. Assim, o processo de envelhecimento estaria vinculado à diminuição progressiva da capacidade de pulsação e de absorção energética. O núcleo energético vai se debilitando e se igualando à energia do exterior, até que sua capacidade de absorção seja nula, e então a pessoa morre.

"Quanto mais baixo o nível de capacidade, tanto mais baixa será a capacidade de absorção, como na atrofia biopática. O organismo moribundo perde pouco a pouco sua capacidade de absorção e sua capacidade de se manter em certo nível de funcionamento. O nível de capacidade diminui até se nivelar com o oceano de orgon circundante. A decomposição depois da morte está marcada por um processo oposto ao de crescimento inicial. Os tecidos da matéria perdem sua coesão com a continuação da perda da energia de orgon e se desintegram em bions e em bactérias saprófitas... Se pudéssemos descobrir as causas que conduzem a uma diminuição no nível de capacidade dos sistemas orgonômicos depois de um certo período de funcionamento – denominado velhice –, teríamos dado um passo importante em direção à solução prática do problema da longevidade".[47]

Sabemos portanto que a morte biológica, não acidental, produzida pela degeneração progressiva, está condicionada pela falta de regulação energética, e conseqüentemente afetivo-sexual.

Assim, podemos ver que a qualidade de vida aumentará a quantidade de vida. Este conceito não é partilhado por certas filosofias e postulados religiosos, nos quais o postulado básico diz que a vida é uma passagem para uma vida eterna, ou para a reencarnação e a possibilidade de satisfação progressiva da totalidade do homem. A ne-

---

[47] Reich, W., *Eter, dios y diablo*. (1949).

cessidade de reivindicar a qualidade da vida será fundamental, porque se nos interessa ou se existe uma curiosidade pela morte, o que mais nos interessa é a vida. Em termos científicos, dizem que a possibilidade de longevidade chegaria cifra de 2000 anos, no animal humano, se não estivesse condicionada por toda uma série de fatores sociais ecológicos e também culturais que marcam uma redução progressiva desta cifra, até o limite que hoje temos, entre 70 e 80 anos.

Na atualidade os cientistas investigam como prolongar a vida, só que por meio de órgãos artificiais e a partir da biologia, das transformações genéticas e dos enxertos celulares.

Em uma sociedade onde o que conta é o corpo como imagem, logicamente o que nos interessa é mantê-lo apresentável durante o maior tempo possível. Mesmo que seja com corações artificiais, enxertos etc. No fundo, o corpo é vivido para fora, em vez de ser vivido como uma situação que está vinculada ao Eu, quando na verdade o corpo como elemento energético vai mais além da imagem física e da própria noção de corporalidade. É a partir desse conceito, de que o corpo é não apenas uma estrutura física, mas também uma correlação energética que o vincula à natureza por meio da capacidade de pulsação e absorção de energia do exterior, que a morte e a vida passam a ser fenômenos energéticos.

Aspectos psicossociais

Neste sistema social, a vida tem um valor produtivo evidente. Viver é trabalhar. Produzir é algo implícito no funcionamento do cotidiano e da visão, inclusive, de doença e saúde. Por outro lado, o aparato governamental denominado Estado está permitindo indiretamente – por ser o último responsável jurídico dos fatos – em várias situações o desenvolvimento da morte. Reich dizia que a predisposição para a doença e para a morte é adquirida principalmente pelo estado de miséria e pelas más condições da vida das pessoas, e que tal predisposição não é uma herança inevitável de nossos antepassados.

Tais condições se definem a partir da forma de conceber um filho; das condições sociais e de trabalho da mulher grávida; da assistência clínica e traumática dos partos; da falta de conhecimento das medidas educacionais necessárias para facilitar a capacidade de pulsação da criança; das condições alienantes em muitos trabalhos; das centrais nucleares com seus riscos conhecidos; da contaminação atmosférica e química e tantas outra mais que são sutilmente realizadas com o nome de progresso, sempre com uma motivação econômica e produtiva clara, resultando em pouca importância à vida real e à qualidade de vida dos indivíduos.

O Estado pode ter suas razões; como se diz, existem "razões de estado" que justificam o jogar com a vida das pessoas, como expus no ensaio anterior. As guerra são um exemplo extremo. Outros, não tão claros, nem menos importantes, são: a política dura e a guerra suja contra os chamados terroristas, a ilegalidade da droga e a incapacidade ao mesmo tempo de impedir seu tráfico... Assim, se um drogado mata um senhor ou um vendedor de banca de jornal por ter tido dificuldades ao comprar a droga da qual depende para viver, será sempre responsabilidade jurídica do drogado e as penas de prisão e a repressão contra sua vida serão exercidas pelo controle estatal, ironicamente o mesmo Estado que permitiu que este fato se produzisse. Se esta pessoa pudesse comprar essa droga por um preço acessível na mesma banca onde assaltou e assassinou, em vez de ocorrer uma morte, poderia haver uma troca comercial... O aparato governamental é o responsável jurídico por esta situação em última análise, e naturalmente, todos estamos implicados neste tipo de situação. Por isso é muito importante sermos conscientes da manipulação do Estado para fazer valer suas "razões de estado" continuamente como alguma coisa que faz parte da legalidade e insistir em não reconhecer as razões individuais que levam à morte em muitas ocasiões. Milhões de mortes, fruto de um escape radioativo, de um bombardeio, ou o câncer dos trabalhadores das centrais nucleares pelo efeito do amianto, são anedotas jornalísticas mais ou menos espetaculares, que isentam o Estado de julgamento. A morte de uma, duas, ou várias pessoas, causada pelo atentado de um grupo contra-estatal, denominado "terrorista", ou o assassinato daquele vendedor são delitos de sangue que têm um responsável jurídico direto, penalizado e dramatizado pela imprensa como o responsável trágico e terrível, sem questionar realmente as razões individuais desta ação. Com isso, não estou defendendo a violência, apenas tento esclarecer a diferença que existe entre as "razões de estado" e as "razões individuais" vinculadas à morte como um fato.

O fator dialético é esquecido; procuram-se bodes expiatórios para canalizar o castigo do mal feito, sem dividir responsabilidades em tais atos. Quando o Estado – em nome de quem vota – determina não negociar com um grupo "terrorista" e no dia seguinte várias pessoas deste mesmo grupo morrem em um atentado: quem matou estas pessoas? Somente os terroristas? A realidade é que estas pessoas eram as vítimas indiretas de um diálogo de duas pessoas, onde uns, concretos possuem sua própria responsabilidade e outros (o Estado), falaram em nome de todos os cidadãos e também destas cinco pessoas assassinadas, que com certeza por haver negociado, não teriam morrido. Não fomos todos nós que assumimos uma postura de não-negociar, foi o suposto representante do povo, e são eles os que devem assumir parte da responsabilidade dos fatos ocorridos. O mesmo poderíamos dizer sobre o exemplo do drogado. Em último caso, os que proíbem a venda legal da droga – solução admitida entre muitos conhecedores do tema, intelectuais e profissionais da saúde, representantes dos cidadãos, mas não são os cidadãos que excluem esta possibilidade, entre outras coisas, porque não conhecem essa alternativa e seus resultados. Desta maneira, se supõe que em cada morte ou delito dos drogados, o Estado tem uma parte da responsabilidade, pois o senhor, o vendedor, essa jovem sofrem as conseqüências uma, duas, todas as vezes que for necessário. Porque a realidade é uma.

No despertar do século XXI

É muito fácil falar apenas das medidas policiais; somos responsáveis, mas quanto se poderia mudar, se neste "todos" incluíssemos também o Estado, permitindo que se abrissem possibilidades modernas capazes de romper a dinâmica da ação de "toda a vida". Quantas bruxas tiveram que ser queimadas até que – por pressões populares – reconhecessem publicamente que esta prática não levava a nada! E quantos interesses econômicos e ocultos sustentam essas "razões de estado"! Já dizia Charles Chaplin, através de seu personagem *Monsieur Verdoux*: "Por um assassinato, o personagem se torna o vilão. Por milhões, é um herói. Os números santificam". E o revolucionário brasileiro, o pedagogo Paulo Freire, escrevia: "Não existe a vida sem a morte, como não existe a morte sem a vida. Mas também existe a morte em vida. E a morte em vida é exatamente a vida que se proíbe ter".

Por tudo isso, a morte não é apenas um fenômeno biológico, mas é também psicossocial.

O processo individual da morte

A quarta dimensão da morte: a bioenergética

Durante os últimos anos a morte se transformou em elemento de investigação de diversos médicos e cientistas. Principalmente a partir das experiências de indivíduos que voltaram à vida depois de um período de morte física, ou seja, da morte clínica, por acidente, reanimados por voltar do estado de coma... Foram as chamadas experiências de quase morte (E.Q.M.).

Em 1988, o médico Dr. Miers já havia trabalhado com pessoas que viveram este tipo de experiência, mas ainda sem formular uma hipótese ou método de trabalho. Atualmente E. Kübler-Ross, R. A. Moory, Kenneth Ring e Charles Arfield, entre outros, são os mais conhecidos nesta área.

Foi precisamente Charles Arfield, trabalhando com pacientes terminais de um hospital, quem comentou em seu artigo: "O período que precede imediatamente a morte física é um período de máxima receptividade para estados alterados. Observou-se em pacientes "que voltaram" a necessidade de não estarem sozinhos na hora de morrer, e ainda comentam como a atitude dos cirurgiões interferia para animar ou não a vida, pois tudo continua sendo ouvido".

K. Ringe R. Kastenbaum definem estas experiências de quase morte com as siglas L. A. D. E. (experiências de vida, depois de morto). Pois muitos pacientes afirmam não só ver e ouvir tudo o que acontece no quarto e descrevem com exatidão ao reanimarem seu corpo físico, como também descrevem fenômenos do tipo transcendental, visões de luzes e túneis de anjos e principalmente uma coincidência bem ampla, lembram dos acontecimentos mais importantes de suas vidas. Interpretado de um ponto de vista religioso, este fato significaria a revisão de toda uma vida para o juízo divino. Sem entrar na polêmica do que acontece depois da morte, pois isso está no terreno da fé, o que quero defender é a idéia de que há um espaço de tempo em que o eu intrapsíquico continua perceptivo e consciente, enquanto sua estrutura física deixou de ter um funcionamento estrutural.

Para entender melhor este tema, é preciso aprofundar alguns aspectos do fenômeno percepção. W. Reich demonstrou que a percepção e a autopercepção – sensação de órgão - estão vinculadas sempre ao campo energético externo. Em 1948, escreveu: "O mediador do campo de energia orgonômica construído em 1944 demonstrou a existência de um campo de energia orgonômica localizado além da superfície epidérmica... Portanto não se pode duvidar da existência do *sexto sentido,* em que a percepção orgonótica vai além da superfície do organismo".

Reich parte da existência de um *quantum* energético de caráter nuclear a que chama "*quantum* bioenergético" e de uma energia – de um campo bioelétrico bioenergético no âmbito da pele –, na membrana. Estudos realizados por outros autores admitem que nesta há uma carga bioenergética diferente e um campo energético externo, que os Kirlian chamavam aura e que Reich, como já vimos, havia definido anteriormente como campo energético "orgonômico", que nasce da constante pulsação, do constante potencial entre a carga energética interior e a energia do exterior, do meio. A percepção é produzida pelo intercâmbio de freqüência de ondas entre o campo energético do organismo vivo, que é detector e receptor da troca de freqüência, com a energia exterior. Este processo começa com a troca de freqüência que atinge a aura, que está em conexão com o plasma e com o sistema nervoso vegetativo, que através do sistema talâmico hipofisário conecta com o córtex e com os sentidos, levando finalmente através destes a informação até o cérebro. Assim, o neuromuscular será o mediador entre o plasmático e o energético, permitindo uma maior ou menor capacidade de percepção do intrapsíquico com o extrapsíquico; ou seja, a estrutura neuromuscular permitirá uma maior ou menor quantidade de contato e de inter-relação entre o externo e o plasmático visceral. O órgão mediador ou executor se situa na glândula pineal, atribuindo grande importância a alguns neurotransmissores como a melatonina. Na evolução do homem vai-se perdendo a funcionalidade da glândula pineal, limitando assim o contato direto entre o áurico e o plasmático.

Levando em consideração a importância do sistema neuromuscular no processo perceptivo, podemos compreender a diferença que existe na forma de perceber a realidade entre as estruturas humanas em função de sua couraça, ou seja, do nível de tensão muscular e da forma específica que assume, de acordo com as defesas musculares que a pessoa vai desenvolvendo ao longo de sua vida, para evitar o contato e a percepção com a angústia e com suas necessidades básicas, como observamos em capítulos anteriores.[48]

Podemos analisar a partir da existência deste campo energético a relação entre nosso organismo e o exterior cósmico – quando nosso

---

[48] Para ampliar este conceito importante, é possível encontrar alguns artigos sobre o tema na revista *Energia, caracter y sociedad*.

corpo físico é um mero mediador com funções psíquicas e somáticas –, muitos fenômenos chamados paranormais pela psicologia e pela ciência, entendendo melhor os acontecimentos vinculados ao fenômeno da morte.

Sabemos, pela neurofisiologia, que, uma vez tendo falhado o coração, o centro respiratório cortical se decompõe fatalmente em seis minutos, se não utilizarmos medidas extremas de "vida artificial". Sabemos por W. Reich que a autopercepção e a percepção são fenômenos mediados pelo cérebro e pelo S. N. C., porém vinculados ao campo orgonótico externo e ao orgon nuclear celular: "O real e o certo é que a carga de orgon do organismo constitui a base das percepções vitais e estas vão perdendo intensidade à medida que o orgon se enfraquece."

Também sabemos que quem vive um estado alterado de consciência por psicotrópicos ou por hiperoxigenação cerebral (Método de Medula empregado nos anos 70) experimenta o tempo de um modo bem diferente da nossa percepção cotidiana do tempo relógio. Durante alguns minutos de tempo, podem-se experimentar subjetivamente horas inteiras, anos, através do "estado de consciência alterado".

Por tudo isso, também acredito que exista uma quarta dimensão da morte – ampliando o postulado de Mishara –, a bioenergética, que vai além da morte do corpo físico. Assim, durante o tempo em que o cérebro segue pulsando, o campo energético é intensificado ["A fotografia Kirlian confirma que no instante da morte do corpo físico os *pattern*, ou bioplasma, as linhas de força etérea, se intensificam significativamente" (Merz)] e a pessoa pode continuar percebendo o que acontece consigo e com o entorno, pode viver sua própria morte, mesmo que isso pareça um paradoxo. Ao mesmo tempo, por desaparecer a energia vegetativa que mantém a tensão muscular, a couraça deixa de existir, podendo resultar num acúmulo de emoções, vivências e lembranças de sua história durante este breve tempo objetivo, mas enorme do ponto de vista subjetivo, alterado por este estado de consciência.

No despertar do século XXI

Nas experiências de "quase morte", as vivências dependem da estrutura de caráter, das crenças e interpretações das diferentes vivências, considerando que se produz uma situação de parassimpaticotonia, com grande abertura momentânea de campo energético, o que facilitaria a percepção extracorporal permanecer receptiva, mesmo que a função cardíaca esteja parada. É bem possível que no momento da morte possamos ter um estado de consciência vinculado ao tempo em que a aura de nosso campo energético ainda tenha luz e potencial, inclusive depois da morte, já que o potencial orgonômico de uma substância viva, a luminação que tem com a energia exterior, não precisa estar necessariamente vinculada ao término das funções físicas. O tempo que o organismo demora para catabolizar sua própria estrutura até que comece a haver uma transformação em uma nova substância é mais longo do que a parada física ou sua morte, ou seja, a transformação da vida em nova vida leva o tempo em que resiste a situação áurica, ou enquanto ainda haja luminação e portanto, percepção. Este tempo pode ser mínimo, mas como ainda há percepção, isso permite que às vezes sejam produzidas reanimações, sentindo a força que atrai, a força do amor e da percepção dos seres queridos, sobretudo sentida no campo energético. Sob esta perspectiva, podem se compreender funcionalmente as explicações religiosas de que "a alma abandona o corpo", ou as esotéricas "a morte é a projeção do corpo astral".

Muitas religiões também acreditam na reencarnação. Mas isso é algo que está no terreno da fé e, caracterialmente explicável pelo anseio de conhecer e controlar, tudo que seja possível, até o inconsciente, buscando uma função justificada da morte e da existência da vida. Mas sem entrar no terreno subjetivo do religioso, as conclusões clínicas dos fatos observáveis referentes ao fenômeno da morte, são bem importantes.

Xavier Serrano Hortelano

Morrer com qualidade

Ferenczi, sobre este assunto, já escrevia em 1924:

"Para nós, os médicos, a 'agonia' da morte nunca é tranqüila. Nunca é natural e doce. A vida acaba sempre de maneira catastrófica, assim como teve início com o nascimento... Só nos últimos movimentos respiratórios pode-se observar uma reconciliação com a morte, inclusive expressões de satisfação que sinalizam o acesso a um repouso perfeito, como acontece no orgasmo depois do combate sexual".

Freud, também por esta data, escreve: "O homem velho busca o amor da mulher, tal como obteve o da mãe, mas somente a muda deusa da morte o tomará em seus braços".

Estas duas descrições de como se morre servem para mencionar o fato de que, assim como nos demais atos vitais, a morte também é intermediada pela couraça muscular do caráter da pessoa. Porque ninguém morre igual. Reich afirmava que "a vegetoterapia nos ensinou que sob a pressão do medo do orgasmo, as sensações orgásticas se manifestam como temor à morte. Morte no sentido da total desintegração, dissolução e perda de consciência, não ser. Isto posto, compreendemos que esta relação medo do orgasmo e medo da morte pode estar interferindo no momento de morrer".

Esta diferença que existe ao morrer – pois há pessoas que morrem com raiva, e poucas morrem suave e conscientemente como um ato de vida – é o que leva alguns psicólogos e equipes de saúde hospitalar, sobretudo nas áreas dos doentes terminais, a "ajudar a morrer" o paciente que já não pode viver. Com a compreensão de que o ato de morrer é mais uma ação, a última dentro da nossa vida e que, como as anteriores, será enriquecedora para meu "eu", se a experimento adequadamente. Esta atitude é importante porque rompe com a tendência social e cultural cada vez mais influente, que analisa a morte como algo distante e estranho, apesar de convivermos com ela todos os dias através da televisão. A morte das manchetes é "dos outros", é "distante". Mas o contato direto com a morte é cada vez menor, principalmente para as crianças. Quando alguém morre, a funerária se encarrega de tudo; por não ser algo produtivo, não interessa ocupar muito tempo com o moribundo. Isso impede que a morte possa ser vivida como uma experiência de vida, e que possa ser uma ação consciente, responsável e encarada com humanidade. Juntamente com o fator social, se acompanharmos a análise de Reich, surge o próprio medo da morte, que estaria ligado ao medo de se perder. Ambos os elementos devem ser levados em consideração para facilitar uma "boa morte". Não é um ato missionário, que predispõe o relacionar-se com a outra vida, com o divino; mas se trata de recuperar a ação de morrer como algo humano, onde a pessoa, afinal de contas, possa assumir a função ativa de querer morrer, sendo assim uma experiência rica para ele e para os seus queridos.

O encontro consciente com a morte é algo necessário para os pacientes terminais. Ao invés de ocultar a existência do tumor maligno ou do mal agudo, devemos comunicar ao doente sua realidade clínica (a não ser que o paciente expresse seu desejo de não saber nada a respeito), porque colocá-lo em contato com seu processo de morte pode ser, em muitos casos, terapêutico. Pois, ao aceitar a morte, pode ocorrer uma reconciliação psicossomática. Até este momento, uma parte de seu organismo, um subsistema levava seu próprio processo, independentemente da sua estrutura e "enganando" a consciência, ao empregar uma quantidade de energia, em algumas situações bem grande para conseguir isso. Com a consciência da doença, este desgaste desaparece. Para tanto, a pessoa deverá compreender quais aspectos emocionais e quais medos participam desta situação, significando que a enfermidade pode ser um fator que aumenta o conhecimento de si mesmo e facilita a superação de certas situações emocionais e psíquicas diante da crise extrema que está vivendo. Sabemos clinicamente que ambos os elementos podem favorecer uma possível mudança estrutural e, portanto, o prolongamento da vida, inclusive chegando à superação da crise e da doença. Com a ignorância, nada disso é possível. Entre os que usam a psicoterapia com pacientes terminais, Simonton foi um dos pioneiros nos Estados Unidos. Em nossa equipe com pacientes que apresentam biopatias e/ou são terminais, também realizamos uma atividade psicoterapêutica nos apoiando nos dois aspectos descritos anteriormente e com as ferramentas biopsicoenergéticas próprias da orgonomia, para facilitar o processo de cura em alguns casos, ou o processo do "morrer bem", em outros.

Nesta linha, estaria a possibilidade de escolher a morte (eutanásia) antes que ela ocorra fisicamente. Tendo presente que este conceito é de difícil discernimento quando há uma atenção hospitalar na área de reanimação, pois em muitos casos vemos pacientes clinicamente mortos, porém com as variáveis fisiológicas mantidas pelas máquinas, em cujos casos os familiares deveriam tomar uma posição sobre a manutenção artificial da vida depois de saber da realidade clínica pela boca dos médicos responsáveis. Este é um tema polêmico muito discutido ultimamente. Em alguns países está legislado, em sua maioria como delito; em outros, há um vazio. Considero que ambas as posturas são inconcebíveis neste momento histórico, o que é compreensível, tendo-se presentes as condições religiosas e o medo da morte. Pessoalmente, considero a eutanásia como uma das ações a serem reivindicadas como permitidas por lei. Ninguém pode obrigar ninguém a viver. Porém deve ser uma situação consciente e refletida, inclusive contando com a participação de um profissional de tanatologia ou de psicoterapia com quem se possa objetivar a situação, para decidir livremente. B. C. Mishara fala sobre quatro tipos de eutanásia:

1. Direta e voluntária: morte escolhida pela pessoa ou paciente, o suicídio entre elas. Sempre ativa. Assim morreram figuras tão conhecidas como Sócrates, Freud (injetando ar pelas veias), A. Koestler...

2. Indireta e voluntária: autoriza o paciente a morrer, nos casos em que não está consciente (processo de coma...).

3. Direta e involuntária: morte por piedade, realizada por algum funcionário da saúde a um paciente que vive um completo estado disfuncional.

4. Indireta e involuntária: deterioração progressiva passiva da doença.

Trata-se, portanto, da eleição do momento de morrer e de como morrer, algo que deve ser da ordem do individual, estando favorecido e apoiado pela lei e pelo Estado.

Por tudo isso, compreendemos a responsabilidade do profissional que está com o moribundo e das pessoas próximas para que a ação da morte possa ser vivida como algo ativo por parte dele, conscientes que somos do fato da morte ser uma experiência riquíssima em si. Assim também nos casos de acidente ou ataques agudos, quando na maioria das vezes a reanimação depende da resposta do biossistema da pessoa, é bom lembrar que para fazê-lo reagir, já que pode perceber-nos, tem muita influência o nosso diálogo, que deve ser atraente, para que ele, se deseja seguir vivendo, adote uma posição energética ativa e de vínculo. Vários casos de reanimação em condições clínicas extremas se resolveram favoravelmente através da atitude dos profissionais médicos, como descrevem Kübler-Ross, Kastenbaum e Moory entre outros autores.

A morte na solidão, a não ser que seja escolhida pela pessoa, deve ser impedida. Tanto pelo que morre como pelo acompanhante, pois para ambos vivê-la pode ser uma experiência enriquecedora. E essa experiência não termina com a morte do corpo físico, mas continua por um tempo, que deve ser respeitado. Esta é a lógica funcional real dos "velórios". Convertendo-se assim em um "diálogo vivo" diante de uma pessoa cujo corpo está "morrendo energeticamente", se transformando em orgon livre.

E por se constituírem vida e morte fenômenos energéticos, condicionados por seus aspectos biológicos e sociais, torna-se necessário que o profissional da saúde possua escalas biopsicoenergéticas em sua prática profilática. É preciso aprender a ver além do que se vê.

A morte e a infância

Durante a infância, os acontecimentos são vividos de maneira bem diferente da relação dos adultos, porque não existe uma capacidade de integração cognitiva da experiência e a percepção da realidade é mais visceral e animista. Essa integração vai ocorrer em torno dos oito ou nove anos. Antes desta idade não há possibilidade de compreensão dos fenômenos de maneira cortical, não estão claras as coordenadas espaço-temporais, por isso, a compreensão de que algo desaparece para sempre é difícil de integrar, de assimilar; experimenta-se uma sensação de estranheza e de perplexidade e se vivem um sofrimento muito forte diante deste fenômeno. A impossibilidade de assimilação cortical, de compreensão, pode intensificar a dolorida emoção ou desenvolver, para evitar tanta dor, fortes e crônicos mecanismos de defesa. Em um caso ou em outro, a emoção leva a um choque e a um trauma com conseqüências clínicas mais ou menos graves, segundo o caso, que serão aferidas anos depois.

Sabemos que, tanto psicológica quanto clinicamente, se a experiência da morte não for acompanhada por um tempo de luto, se converterá numa experiência que condiciona e repercute inconscientemente. O mesmo ocorre, a seu nível, na infância. Por exemplo, uma criança cuja mãe morreu quando tinha três anos, pode reagir negando o acontecido e aparentemente não se alterar nem perguntar por ela... Nada disso significa que a criança não esteja sofrendo, mas sim que está usando como mecanismo de defesa a negação do fato. Este mecanismo já implica um nível de sofrimento importante, de tal ordem que a impede de assumir a realidade. Não devemos facilitar-lhe as coisas, favorecendo esta evasão, pois esta criança aprenderá a criar hábitos de negação frente aos conflitos que possam ir surgindo, procurando constantemente por mecanismos compensatórios, criando um núcleo depressivo que fica latente. Todos os fenômenos relacionados com a morte podem ser vividos como traumáticos ou podem ser integrados como uma experiência dentro da vida da pessoa (adulto ou criança). Trata-se basicamente de acompanhar emotiva e afetivamente a criança durante a crise.

Por exemplo, pode acontecer que na escola morra um companheiro de nosso filho, depois de viver uma doença terminal. Geralmente, este fato não é explicado suficientemente e as crianças acabam ficando perplexas, pois não podem assimilar esse desaparecimento sem nossa ajuda. Neste caso, podem ter a oportunidade de acompanhar a seu companheiro no processo de sua doença, podem ir vendo as conseqüências e compreender finalmente, à sua maneira, como evolui o processo da morte, desenvolvendo assim sentimentos de solidariedade, apoio e amor. Esta é uma oportunidade que pode ser benéfica e bonita, tanto para quem sofre diretamente, como para o resto da classe. É uma situação humana, e como tal deve ser abordada. Durante esse tempo surgem perguntas com funcionalidade e uma base emocional em torno da vida e da morte, cujas respostas poderão ser interiorizadas com solidez, realizando assim uma pedagogia viva. Para a criança doente, a sensação de estar acompanhada por seus colegas vai ser emocionalmente tão valorizada e positiva que pode repercutir inclusive no próprio processo de sua doença, se ao mesmo tempo lhe for explicado o que está acontecendo e o que lhe pode ainda ocorrer, através dos meios adequados (jogos, contos...).

Para tanto, é preciso que pais e educadores tenham trabalhado previamente este tema, tanto emocional quanto existencialmente. Em geral este é o problema principal. Assim como acontecia há anos com a sexualidade, o tema da morte se converteu num tema educativo tabu pelo próprio conflito que gera no adulto, que não assumiu, minimamente, a realidade temporal da existência, nem a doença e a morte como fenômenos vitais e humanos. Enquanto estivermos mantendo este tabu estaremos fortalecendo as tendências evasivas, limitando assim a capacidade de viver e administrar a vida de nossos filhos, de nossas crianças, futuros adultos. Pois, como vimos neste ensaio, encarar todos os aspectos que giram em torno da morte enriquece nosso tempo de vida.

Vemos constantemente como se oculta a doença terminal de uma mãe para seus filhos, de todas as maneiras possíveis, e até o final. E quando chega o momento da morte, o pai ou a família não sabem o que dizer. Deparam-se com a dura realidade e continuam sem dizer nada, ou então se justificam fantasiando a situação: "Tua mãe foi para o céu"; "Estava doente e acabou indo para um lugar onde pode ser feliz e não ter mais dor", ou simplesmente: "Morreu...".

Por acaso não privamos estas crianças do direito de compartilhar a dor com sua mãe, de viver com ela esse tempo com cumplicidade e verdade, favorecendo assim a maturação de sua personalidade?...Não as privamos de um tempo que não poderão viver nunca mais...? Como essa criança irá encarar agora esta realidade tão brusca, inconcebível e tão estranha? Como irá viver esta situação, quando antes ou depois tiver conhecimento da realidade destes acontecimentos?

Tanto pelo fator humano em si quanto pelas conseqüências clínicas, essa é uma postura injustificável e perniciosa, e não serve a justificativa de que "era para que não sofresse". Porque se formos honestos temos que assumir que de fato não nos atrevemos a dizer a verdade por covardia. Em todo caso, se não sabemos o que fazer e assumimos que cada situação é única, devemos consultar um especialista em tanatologia, ou um psicoterapeuta especializado nesta área, levando nossos filhos a seu consultório para compartilhar nossa dor. Tudo, menos ocultar ou mentir. Reivindiquemos que este tema seja tratado nos meios de comunicação de maneira adequada e que se fomente a formação de profissionais para atender nos serviços médicos ou escolares que lhe correspondam como cidadão, que paga os impostos e investe um dinheiro indireto para estes serviços.

Mas o certo é que neste e em outros assuntos a criança está à margem da realidade humana e social e seguimos criando "doutores Frankenstein", como descrevia num capítulo anterior, permitindo que sua cara oculta apareça na adolescência ou em outros momentos da vida, diante de nossa estranheza e perplexidade...

Foi observado que as crianças terminais intuem o momento da morte e a vivem sem medo. Com tristeza, porque intuem que vão deixar coisas que amam, mas sem temor. Isso poderia confirmar o funcionamento de seus mecanismos de defesa, mas também acredito que por estarem muito mais receptivas aos fenômenos energéticos e viscerais, sentem mais a realidade energética da morte. O adulto, ao se empenhar pela vida, está constantemente evitando e fugindo da morte, uma forma de atuar que nos transporta à realidade infantil. Não temos que levar nossos temores de adulto às crinaças; deveríamos, sim, estar tranqüilos, pois lhes falta uma construção psíquica estruturada sobre a morte. Não têm o medo da morte que caracteriza o adulto em geral. Viverão a dor do desaparecimento, mas não o medo. Temos que aproveitar este fator para favorecer a integração do fenômeno da morte quando ela ocorre com familiares, amigos ou pessoas que façam parte da sua realidade, fazendo com que participe desta situação e compartilhe como queira.

Por outro lado, a psicoterapia de adultos nos permite conhecer a forma como são produzidos os traumas psíquicos e quais circunstâncias podem facilitar sua gravidade. Assim, a partir de tratamentos com pessoas cujos pais faleceram em sua infância, pode-se observar que a idade mais crítica no caso de falecimento da mãe é até os três anos de vida, já que nesta idade, a mãe, ainda que possa ser substituída, é insubstituível em muitos aspectos. Enquanto a falta do pai tem conseqüências clínicas quando ocorre dos cinco aos oito anos ou nove anos de idade. Evidentemente, as conseqüências clínicas – entre elas uma profunda sensação de vazio, confusão, negação e idealização da realidade, problemas respiratórios, núcleos depressivos e outros –, irão depender em cada caso do comportamento afetivo das figuras compensatórias, da explicação que se dá e do ambiente emocional que exista nos ecossistemas próximos. Mas a melhor prevenção sempre será levar a criança a viver a realidade acompanhada de pessoas próximas que lhe dêem amor, evitando dinâmicas imaginárias e sentimentos de culpa, em geral produzidos pela ausência de explicações, pois a criança pode fantasiar que foi sua forma de agir e de ser que provocou a ausência da mãe ou do pai, como acontece nos processos de separação do casal ou desaparecimento de um dos pais.

Portanto, dentro das medidas de prevenção, o importante é falar da morte como se fala de sexualidade, falar com naturalidade dentro da vida em família e nas escolas, dando a ela a função que tem, permitindo que a criança a incorpore nestas situações o mais cedo possível. Às vezes existe o medo da morte numa criança como resultado da transferência de seus núcleos internos, o medo do abandono, da solidão, mesmo que a partir dos sete anos, quando a dimensão espaço-temporal já está madura, ela pense sobre a morte, o "além", com mais intensidade, despertando em si o interesse pelo tema de maneira espontânea, momento em que se deve elaborar sua compreensão da morte com o auxílio dos meios pedagógicos adequados e disponíveis, aproveitando uma vez mais, a crise e a morte inevitável, para potencializar sua vida.

"Viver com a morte ao lado"

Esta frase de Carlos Castañeda que tantas vezes foi dita pelo bruxo "D. Juan", protagonista de suas epístolas antropológicas, possui um sentido importante para mim. Viver com a morte ao lado nos permite lembrar nossa temporalidade, portanto, nossa mortalidade, favorecendo que a partida de xadrez com a morte – imagem usada no maravilhoso filme de I. Bergman, *O sétimo selo*, – seja a mais longa possível. E que nosso tempo de vida seja o mais pleno possível. Com isso, muitos componentes neuróticos narcisistas-idealistas-masoquistas de nos acreditarmos por cima de tudo, de nos sentirmos um tanto atemporais, ou de utilizar o sofrimento, a "vitimização" ou mesmo o desprezo pelo "mundano", como atuações caracteriais defensivas, poderão ser questionadas e bastante reduzidas. O que difere muito do ir morrendo em vida.

Em uma de suas obras, Borges nos descreve como Homero, um dos "imortais" quis ser mortal e como acabou conseguindo-o. Talvez seja porque Homero viveu muito e intensamente. Talvez seja este o segredo para que se possa desejar a morte, para se morrer bem. A morte como aliada, ao invés de inimiga, pois lembremos que a morte é um processo, assim como a vida. Mas lembremos que percebemos a realidade condicionados por nossa própria couraça. Esta é nossa armadilha, pois como ocorre no relato de Platão na caverna, realmente pensamos que isto que percebemos é a única realidade, e ficamos sem saber como sair desta armadilha, porque nem sequer nos damos conta de que vivemos presos nesta armadilha. Por isso, esquecemos nossa mortalidade e nos refugiamos nesta percepção de uma existência atemporal, eterna, pela qual a vida se converte em um passar "sem nos darmos conta"; o que acabamos por descobrir nos últimos momentos da vida, quando não há mais como voltar atrás.

Por isso, o fato de podermos nos aproximar cognitiva e emocionalmente da experiência de morte nos ensina que ela pode ser plena e serena. Um perder-se no oceano cósmico participando do processo de transmutação energética e universal, sempre e quando nossa vida tenha sido vivida conscientemente e da forma mais plena possível. Para tanto, deve-se permanecer numa posição ativa, reivindicativa, tanto com nosso interior como com o exterior, buscando nosso direito de existir em harmonia com nossas potencialidades, enquanto ser humano, com o resto das espécies e com nossos ecossistemas. Porque é bom lembrar que somos apenas um grão de areia no universo e portanto nossa existência é quantitativamente insignificante, além do fato de que em função da qualidade do nosso processo vital, expansivo, criativo, facilitamos o desenrolar da vida com nossa participação na harmoniosa dança do movimento cósmico. Por isso devemos ser humildes ao avaliar nossa existência temporal, mas com suficiente auto-estima para assumir nosso espaço e nossa responsabilidade como seres vivos conscientes.

Algumas citações para auxiliar a reflexão crítica

Termino este ensaio com uma pequena compilação de textos díspares que nos permitirão uma reflexão crítica sobre este tema tão humano e, portanto tão subjetivo.

"A morte do organismo vai acompanhada do *rigor mortis* que nos mostra com toda clareza a contração do sistema vital... O tecido morto não mostra um aumento do potencial bioelétrico da pele. A fonte de energia se extingue... Primeiro se encolhe o campo de energia orgônica que rodeia o organismo e logo em seguida a perda do orgon nos tecidos..." (W. Reich, *A biopatia do câncer*).

"O real e o incerto é que a carga do orgon de um organismo constitui a base das percepções vitais e estas, vão perdendo intensidade à medida que a carga de orgon se debilita. (A alma abandona o corpo)... A morte sempre é um processo de tempo, gradual. Quando acontece por choque ocorre uma contração vital aguda que impossibilita a renovação da fase expansiva, mas mesmo que o coração deixe de bater, a morte dos órgãos chega pela falta progressiva de oxigenação".

"A vegetoterapia nos ensinou que as sensações orgásticas são percebidas de forma similar às da morte. Morte no sentido de desintegração, dissolução, perda de consciência, *não ser*". (W. Reich: *Éter, Deus e diabo*)

"Graças à segura perspectiva da morte poderia estar mesclada em cada vida uma magnífica e aromática gota de leveza. E o que vocês, estranhas almas de boticário, fizeram dela foi transformá-la em uma gota de veneno que não está bem e torna repugnante toda a vida!" (F. Nietzsche, *Humano, demasiado humano*)

"O grande caminho é plano, mas as pessoas gostam dos atalhos".

"Viver é chegar e morrer é voltar" (Lao Tse).

"A energia sexual é, com efeito, a manifestação principal da vida universal em nós. Ela permite a relação entre a vida do universo e a vida individual, entre o mundo dos fenômenos e o mundo invisível do Ku."

"O sistema cérebro-espinal e os cinco sentidos nos permitem viver; o sistema neurovegetativo e os órgãos sexuais nos permitem viver através da vida do universo."

"A energia sexual a partir do momento da procriação permite a manifestação no mundo fenomênico da força (*ki*) da vida universal. Ao ser criado desta maneira, o ser humano recebe, além desta vida universal, eterna, vida de *ku*, um *karma* surgido dos que o geraram."

"Ao morrer, corpo e consciência individual desaparecem, enquanto o *karma* e a vida universal continuam eternamente: morrer é voltar a *ku*, à verdadeira essência de nós mesmos."

"Até agora, as religiões e a moral tradicional consideravam o problema sexual como tabu, provocando medos, ascetismos, frustrações. É importante que a educação moderna devolva à nossa sociedade o sentido autêntico e natural da sexualidade. Concebida como uma energia que surge da vida universal, pode trazer uma nova qualidade para as relações humanas. O amor humano, a vida humana alcançam a mais alta dimensão e a verdadeira felicidade."

"Ki: Atividade invisível repleta de energia cósmica. Torna-se energia do corpo em todas as células".

"Ku: vácuo. No Budismo é também o invisível. Conceito idêntico ao conceito de Deus. Todas as existências do Cosmos existem, mas não se pode conhecer sua realidade (assessar o invisível), apenas sentir sua essência" (Taisen Deshimaru, *Zen e artes marciais*).

"Quem vive um estado alterado da consciência experimenta o tempo de um modo bem distinto da nossa cotidiana percepção tempo/ relógio. Durante vários minutos do tempo objetivo, os que ingerem LSD podem experimentar subjetivamente vidas inteiras, séculos, milênios, eternidades. Do mesmo modo o moribundo pode rever sua vida em poucos segundos, e em poucos minutos do relógio, pode experimentar uma grande viagem cósmica. Nestas circunstâncias, uma hora pode ser percebida como um segundo, e uma fração de segundo pode se transformar na eternidade. Aqui, a psicologia dos estados inusitados deve esperar por um Einstein capaz de construir as equações que governam estas extraordinárias transformações do espaço-tempo ao subjetivo" (S. Grof. Drogas psicodélicas e experiência de morte. In: *A vida depois da morte*).

"Para nós, médicos, a 'agonia' nunca é tranqüila. Uma morte natural, suave, nunca é tranqüila. A vida acaba sempre de maneira catastrófica, assim como começou, uma catástrofe o nascimento... Somente nos últimos movimentos respiratórios se pode observar uma reconciliação com a morte e inclusive expressões de satisfação que sinalizam o acesso a um repouso perfeito como ocorre no orgasmo depois do encontro sexual. A morte, como o sonho e o coito, apresentam traços que se assemelham à regressão intra-uterina. Deste modo voltamos ao ponto de partida; daí a importância central da regressão ao ventre materno na teoria da genitalidade, ou melhor, na biologia em geral" (Ferenczi).

"As ciências humanas nunca se ocupam da morte. Satisfazem-se em reconhecer no homem o animal utensílio (*homo faber*), cérebro (*homo sapiens*) e dono da linguagem (*homo loquax*). No entanto, é unicamente para a espécie humana que a morte está presente durante toda a vida... A morte introduz entre o homem e o animal uma ruptura ainda mais surpreendente que o utensílio, o cérebro ou a linguagem" (Edgar Morin, *O homem e a morte*).

"Os sentidos juntam o corpo astral ao etérico. Na morte, no Eu, o corpo etérico e o astral passam ao mundo espiritual e o físico se decompõe. O corpo etérico que gravou tudo o que foi vivido permanece unido ao eu e ao corpo astral por três dias, depois se dissolve num éter universal. O eu passa pela experiência do *Kamaloca* (Purgatório) revivemos o que nossos semelhantes tiveram que padecer por nossas atuações e as experimentamos em nós para purificarmos. O eu entra no *Devocan*, o reino do espírito e convive com os seres superiores, antes de voltar a nascer. Com determinados processos celestes, formamos nosso corpo etérico na lua e encarnamos. Mas antes vemos a vida que nos espera e certas situações criam traumas, marcados como defeitos natais, ou epilepsia..." (R. Steiner: *Tratado de ciência oculta*).

"O período que precede imediatamente a morte física é um período de máxima receptividade a estados alterados".

"Foi observado em pacientes 'regredidos' a necessidade de não estarem sozinhos ao morrer, e de como interferia a atitude dos cirurgiões para animar ou não suas vidas, pois tudo segue sendo ouvido".

"A preocupação do indivíduo com a vida depois da vida" [(Ch. A. Garfield, do livro *Entre a vida e a morte* (Sêneca)].

"A morte é a morte da morte" (Feubearch).

"A vocês, faço o elogio da minha morte, da morte voluntária que chega a mim porque eu quero" (Nietzsche, *Zaratustra*).

"Viver não é mais que viver a própria morte. Desde que alguém nasce já é bastante velho para morrer"... O ser autêntico para a morte, ou seja, a finitude da temporalidade, é o fundamento escondido da historicidade do homem" (Heidegger).

"Homens e mulheres vivemos contra e pela morte: Ou seja, é o fim o que dá sentido ao caminho. Escreve-se contra a morte, ama-se contra a morte. Têm-se filhos, fazem milhões, constroem-se pontes, fazem-se amigos, frauda-se a Fazenda contra a morte. Todas as sociedades, todas as épocas estão marcadas por sua relação com o fim, de como manejaram e resolveram o enigma e a dor de nossa brevidade. Pirâmides, mastabas, mausoléus, os colossais restos funerários do mundo antigo (os arquitetos também trabalham contra a morte) mostram o lugar fundamental que os ritos finais ocuparam em culturas passadas. Para não falar dos livros sagrados e das diferentes crenças. Porque na realidade a religião não é mais que a desesperada e refinada tentativa da humanidade de explicar e neutralizar a morte. E assim, se inventam céus, infernos, nirvanas, infinitos retornos da roda da reencarnação. A religião é como uma pirâmide de dogmas e palavras com que aspiramos a preservar uma espécie de múmia interior, uma alma eterna.

"Tudo isso que digo soa lúgubre? Talvez... No entanto não deveria ser assim: Nada mais natural na vida do que a morte. O que acontece, é que simplesmente nosso mundo esqueceu que somos efêmeros. A sociedade se refugiou num espelho de eternidade: Vivemos como se fosse para sempre e queremos nos manter tão jovens quanto estes velhos atores de cinema que seguem renascendo cada vez na tela muitos anos depois de terem morrido. Se hoje a velhice nos parece tão incômoda e tão embaraçosa, é porque nos tira a esperança e nos aproxima da contemplação do fim. Lembro-me de um médico que trabalhava em uma unidade de dor especializada em pacientes terminais, e me comentou, há alguns anos, que todos nós, seres humanos, somos pacientes terminais: isto é, que nosso desenlace é inevitável. Isso é óbvio, mas vivemos de costas para tal obviedade. De fato, contemplamos a morte como uma doença, como algo alheio a nosso ser, algo definitivamente anormal, sendo como é o acontecimento mais normal e comum da existência".

"A existência de todos, contemplada das alturas de certa perspectiva, mostra que algo tão comum, natural e básico como a morte não pode ser tão terrível. A experiência ensina que o medo de uma situação é sempre pior que a experiência da própria. Com nosso final deve ocorrer o mesmo: na realidade, a morte não é nada mais que o medo da morte. Porque depois, quando tudo acontece, só fica a tranqüila e alheia rotação dos planetas" (Rosa Monteiro, *Afán de ser*, El País, 1995).

"Estranho... Aprendemos a esquecer a única certeza na nossa vida: a morte. No fundo do assunto, é o ego quem teme a morte, e com razão. Frente à morte, o ego se reduz ao que sempre foi: nada. Porque a morte não é a negação da vida, mas sim a negação do ego. A vida, em contrapartida, se sustenta com a morte. A vida de nossos corpos se nutre com a morte dos animais e plantas, do mesmo modo que eles se nutrem de nossa própria morte. Assim, ego e morte são antagônicos e a consciência da morte representa um dos caminhos para levar-nos – em vida – além das fronteiras do ego.

Enquanto o ego não tem maneira de tratar com o fato de nossa mortalidade, nosso corpo como campo de energia conhece intrinsecamente seu destino. Nosso outro eu pode tratar diretamente com o mistério e interagir com o desconhecido, sem que o não entendimento a nível racional o desalente. Assim, a consciência da morte é um dos acessos para a consciência de Ser: Somos seres luminosos, somos um campo de energia, não um ego.

Essa consciência intrínseca só pode ser recuperada fora do mundo das palavras. Como a Recapitulação, trata-se de uma lembrança do corpo, mais próximo do sentimento do que a razão.

Precisamente porque a imortalidade é um dos afazeres estruturalmente básicos do homem comum, seu não-fazer correspondente – a consciência da morte – é uma das técnicas fundamentais no caminho do guerreiro.

E por outro lado, sobre o fazer da imortalidade descansam, por sua vez, a maioria dos afazeres mais desgastantes do ego e suas rotinas. A importância pessoal só é possível se nos sentimos imortais. Os afazeres mais comuns de um imortal se revelam como verdadeiras monstruosidades à luz de nossa imortalidade. Por nos sentirmos imortais, nos permitimos:

– Postergar para um amanhã inexistente as decisões e ações que somente poderíamos executar hoje.
– Reprimir nossos afetos, negando-nos a expressá-los, esquecendo que o único tempo para tocar, acariciar e se encontrar é o hoje, que sempre será muito breve.
– Não apreciar a beleza e aprender a ver tudo 'feio'. (Imaginemos a beleza da flor, para aquele que nunca mais poderá vê-la).
– Defender nossa imagem.
– Abandonar-nos a sentimentos de ódio, rancor, ofensa e mesquinharias variadas.
– Preocupar-nos por coisas pequenas até o ponto da depressão e da angústia.
– Queixarmos-nos, sermos impacientes, nos sentirmos derrotados, etc.

Um mortal consciente não pode se permitir tal desperdício de seu tempo breve, único e último sobre a terra. Por isso, um mortal consciente é um guerreiro, que faz de cada ato um desafio. O desafio de beber o tutano da vida a cada instante. O desafio de viver tão digna e impecavelmente seu momento como seu poder o permita. Um mortal aproveita e saboreia o valor de cada momento precioso, porque sabe com toda certeza que a morte o espreita e que seu encontro com ela haverá de cumprir-se sem dúvida alguma. Como a morte pode chegar a qualquer momento, um guerreiro se dá por morto de antemão e considera cada ato 'seu último ato sobre a terra' e por isso trata de dar o melhor de si mesmo.

Naturalmente, os atos de um ser que – à luz de sua morte iminente – dá o melhor de si a cada ato têm um poder especial. Têm uma força e um sabor que não podem ser comparados com as tediosas repetições de um mortal. É por isso que o guerreiro faz de sua consciência da morte a pedra de toque de seu conhecimento e de toda sua luta. Assim, ao invés de se apoiar em valores vazios e abstratos dos que crêem que não vão morrer nunca, se apóia na única coisa certa que existe na vida: a morte" (V. Sánches, *Consciência da morte*).

Apêndice

O zen e a orgonomia: um encontro sem fronteiras[49]

Dokusho Villalba e Xavier Serrano

Maria Monteiro: Como o "energético" é concebido no Budismo *Zen*? E a orgonomia?

Dokusho Villalba: Primeiramente quero agradecer a Xavier Serrano e a Escuela de Terapia. Reichiana por facilitar e permitir este encontro entre os profissionais da psicoterapia e os que trabalham com o caminho espiritual. Sinto que é uma aproximação necessária. É importante encontrar um paradigma unitário e global que vincule ambas as manifestações do ser humano e o fato de ter se aberto este espaço é algo bastante importante.

A compreensão da energia, e do energético, é chave para este encontro. Energia, matéria, mente, corpo, consciência, emoções, espírito... O que é tudo isso? Podemos encontrar um elo que nos leve ao entendimento de todas estas manifestações da vida humana dentro de um contexto amplo e global?

Quero começar fazendo referência ao experimento na física quântica de Paul Durac. Este físico francês foi um dos pais da física quântica. Para realizar este experimento criou primeiro o vazio num espaço determinado, depois injetou certa quantidade de energia e estudou o movimento, a dinâmica desta energia.

---

[49] Texto transcrito a partir da mesa-redonda que houve na Escuela Española de Terapia Reichiana, no dia 1º de Fevereiro de 1995, moderada por Maria Monteiro Rios (orgonoterapeuta). Dokusho Villalba é mestre *Zen*, fundador e diretor da comunidade budista Luz Serena.

No despertar do século XXI

Esta energia, por princípio invisível e amorfa, rapidamente se concentrou em uma partícula material subatômica e esta partícula subatômica rapidamente voltou a se desintegrar como corpúsculo, readquirindo sua forma de energia, de onda. Este experimento foi importantíssimo para se compreender a natureza do mundo material.

Nós aqui, por exemplo, quando vemos uma mesa ou um pilar, o vemos como algo finito, acabado, estável, contínuo no tempo; entretanto, isto a que chamamos 'matéria inerte', está pulsando também. Está continuamente pulsando. Está vivo, entendendo como vida tudo aquilo que pulsa e se move.

Os componentes subatômicos de qualquer forma material estão continuamente pulsando. Esta pulsação possui dois pólos principais, por um lado, transformação da matéria em energia e por outro, transformação de energia em matéria.

A pulsação, esta polaridade, descoberta recentemente pela física quântica era algo conhecido através da experiência, não de maneira científica, pelas antigas tradições espirituais do Oriente, especialmente pelo Taoísmo e também pelo Budismo. No Taoísmo, a pulsação fundamental chama-se *yin-yang*, no Budismo, é a base da sabedoria descoberta e ensinada pelo Buda Shakyamuni. No *Sutra* da Grande Sabedoria (Maka Hannya Haramita Shingyo, em japonês) encontramos a seguinte frase:

Shiki soku ze ku.
Ku soku ze shiki.

O termo **Ku** designa a vacuidade, a natureza em si do mundo manifesto. **Shiki** designa fenômeno, a realidade fenomenal, tudo aquilo que podemos perceber, ver, cheirar, medir, sentir. No Budismo, esta frase é fundamental. Diz que a vacuidade – *Ku* – se converte em fenômeno continuamente – *Shiki* – e que os fenômenos se convertem continuamente em vacuidade. Isto é exatamente idêntico ao experimento de Paúl Durac, onde da vacuidade surge um movimento, uma energia que se manifesta também no mundo humano, uma energia que preenche todo o cosmos. É a energia cósmica, a vitalidade cósmica. A vida humana é fruto desta energia cósmica. Na vida humana esta energia se articula principalmente em quatro níveis: corporal, emocional, mental e espiritual.

No nível corporal, a energia fica tão densa que se materializa, se "coisifica", se solidifica.

No âmbito emocional, expressa a capacidade que tem a energia de se deslocar, organizada como movimento, como criatividade, ou seja, em sua função dinâmica. É bom lembrar a respeito deste assunto que o termo "emoção" está ligado etimologicamente ao termo "movimento". Ambos procedem do latim *motus*, o que é facilmente compreensível. Movemos-nos impulsionados pelo que nos motiva, que nos emociona, seja pela motivação positiva de desejo, amor, apego seja por uma emoção negativa como a rejeição e a aversão.

O terceiro nível em que a energia cósmica se organiza, na vida humana, é o mental. A mente humana surge como a manifestação da capacidade que possui a energia de atuar sobre seus próprios processos através da reflexão, da cognição intelectiva e da ação surgida de tal conhecimento.

Devido à nossa capacidade reflexiva e cognitiva, nós, seres humanos temos capacidade de operar inclusive sobre muitos processos energéticos, tanto humanos como não humanos. Isso representa um nível de organização energética superior, (mais complexo) dos que, por exemplo, têm os seres do reino mineral, vegetal e do resto do reino animal.

Esta mente deve ser considerada, pois, como um outro nível de manifestação da energia cósmica fundamental.

O último nível é o espiritual, o nível da consciência. Deste ponto de vista, poderíamos definir a consciência como "a capacidade que a energia tem de ser ela mesma, de ver a si própria, de ser consciente de si mesma, enfim de ser e de alcançar sua máxima identidade".

Na vida humana, a energia cósmica vai se articulando desde os níveis de organização mais simples aos mais complexos, em termos evolutivos. Ou seja, desde o óvulo fecundado até o estado de um Buda plenamente desperto. Neste processo evolutivo percebemos que a energia contida no óvulo fecundado vai tomando, em primeiro lugar, a forma do corpo humano. Num próximo nível de organização surge a vida emocional, a vida mental e por último, a vida espiritual, ou a aparição de uma consciência superior de ser.

No Budismo, costuma-se dizer que a natureza essencial da nossa vida é a consciência. A vida é consciência, surge da consciência e desemboca na consciência. O termo 'consciência' deve ser entendido aqui, tanto como a origem da energia, quanto como a forma mais elevada de energia, seu último nível de organização. No Budismo, esta consciência recebe também o nome de Luz Clara, ou Luz Original. Esta é a nossa autêntica natureza. Isso é o que realmente somos.

Esta Luz Clara que somos aqui e agora não é estática, ela pulsa e esta pulsação oscila entre dois pólos: máxima densificação (movimento em direção à materialização, energia se transformando em matéria) e a sutileza máxima (matéria se transformando em energia).

O instante da concepção de uma nova vida humana pode ser entendido como o momento em que certa quantidade de energia alcança seu nível máximo de densificação, de materialização. A energia se converte em matéria e a onda se converte em corpúsculo.

No momento da concepção, certa quantidade de energia cósmica difusa se concentra em um corpúsculo bem pequeno, cujo potencial é fortíssimo, com uma densidade material enorme, tão grande que a partir dele vão se desdobrando todas as potencialidades da vida humana (inclusive a potencialidade de destruir o planeta).

A partir do óvulo fecundado, a energia que ele contém vai experimentando um processo evolutivo, onde cada novo nível de organização alcançado vai sendo superior (mais complexo) ao anterior. Estes níveis são modalidades do ser. A cada um destes níveis, o ser pode se sentir e se perceber de maneiras diferentes. Estas maneiras distintas de se perceber a si mesmo, são dadas pelos variados níveis de organização que a energia vai assumindo em seu processo evolutivo.

De acordo com a psicologia evolutiva, falamos de um ser perinatal (gestação, nascimento); um ser físico-sensorial (aparecimento da consciência de ser um corpo separado do corpo da mãe); do ser emocional-libidinal; do ser mente representativa; do ser mente-operacional; do ser mente-reflexivo-formal; do ser mente-lógico-existencial; do ser espiritual; do ser plenamente desperto à consciência de ser o que realmente é, ou seja, Luz Clara, Energia Pura.

Este processo que vai desde a concepção até a Luz Clara é um movimento de reabsorção da matéria em Pura Energia. O processo que vai desde a Luz Clara até a concepção, é um movimento de transformação da Pura Energia em matéria, de densificação, de materialização.

Acredito que daqui para frente podemos vislumbrar os interessantes pontos de contato que existem entre o descobrimento da pulsação vital de Reich, das teorias da física quântica e o ensinamento tradicional do Budismo *Zen*: A energia cósmica se manifesta sempre em pulsação. A vida humana, ao ser uma expressão desta mesma energia cósmica, também segue este movimento de pulsação. Para Reich, as patologias físicas, emocionais e mentais (e todos os sofrimentos que ocasionam) respondem a uma disfunção (impedimento) da pulsação energética, que em um indivíduo saudável se dá de maneira espontânea e natural.

De acordo com minha compreensão, a tarefa que Reich empreendeu foi a de restabelecer através de sua terapêutica esta capacidade de pulsação da energia, a nível físico, emocional, mental.

Para os físicos quânticos, a energia em forma de ondas está se transformando continuamente em energia em forma de corpúsculos, que por sua vez estão continuamente se transformando em ondas. Esta é a pulsação básica do mundo subatômico, ou seja, de nossa realidade.

Para o Budismo *Zen*, a vida está continuamente se transformando em morte, e a morte, em vida. A vacuidade vira fenômeno, e o fenômeno vira vacuidade. Segundo um velho princípio hermético: "O que está em cima está em baixo. O que está embaixo existe em cima".

Com base em tudo isso, podíamos resumir dizendo: do macro ao microcosmo, a energia vital pulsa do maior nível de sutileza (máxima expansão da energia) até o maior nível de densidade (máxima concentração de energia). Este princípio é válido em cada um dos níveis de organização da energia, desde amebas, partículas subatômicas, galáxias, estrelas, corpo humano, emoções humanas, a mente humana até o pleno despertar da Consciência. Favorecer a evolução é favorecer a pulsação da energia em qualquer um de seus níveis de organização.

Do ponto de vista do Budismo *Zen*, a energia cósmica pulsa ou gira continuamente na chamada Roda da Vida e da Morte ou Roda do *Samsara*: a partir da Luz Clara, o princípio e final de todo o processo energético, (máximo nível de sutileza) até a concepção (máximo nível de densidade); e desde a concepção até a possibilidade de reabsorção na Luz Clara que surge com a morte.

Para o Budismo *Zen*, tomar consciência de que somos Luz Clara e viver e morrer de acordo com essa percepção, é a última meta da vida humana. O objetivo da prática espiritual consiste em desenvolver esta consciência e despertar para ela. O Buda Shakyamuni ensinou que a existência humana é puro sofrimento, quando se vive na ignorância. Ignorância no sentido de negação da pulsação energética vida-morte-vida-morte, ou, energia-matéria-energia-matéria, ou, carga-descarga-carga-descarga. Ao nos apegarmos a um estado momentâneo da energia nós, os seres humanos, tratamos de paralisar o processo energético que por sua própria natureza é dinâmico e pulsante. O ensinamento de Buda tem como objetivo nos ajudar a nos desapegarmos de nossa existência de seres individuais (corpúsculo) promovendo o despertar para nossa verdadeira realidade: somos um processo energético ou energia dinâmica (onda). Somos ondas de energia que eventualmente assumem a forma de corpo, emoção, mente e consciência.

Assim como percebo, a terapia reichiana também tem como fim desbloquear as tensões mentais, emocionais e corporais, a fim de que a energia vital possa vibrar e pulsar naturalmente no indivíduo.

Assim como Xavier eu também acredito, e nossas experiências em nossos respectivos campos podem atestar, que quando a energia vital flui naturalmente no âmbito corporal, emocional e mental, espontaneamente, há no indivíduo um lugar para abertura ao espiritual, ao transcendente, já que vivencialmente compreende-se que somos muito mais que um corpo e uma estrutura emocional-mental.

Por isso, acredito que o despertar para a vida espiritual é o último resultado de qualquer processo terapêutico integral e completo.

Isto posto, creio que não se pode desenvolver uma vida espiritual completa e integral quando a energia vital não pulsa com qualidade nos níveis básicos do ser, no corporal, emocional e mental, da mesma maneira que as águas de um rio não podem desembocar espontaneamente no oceano quando seu curso foi interrompido em algum ponto de seu percurso.

Assim, sinto que entre o enfoque psicoterapêutico e o espiritual não há contradição, mas uma profunda complementação. A psicoterapia se encarrega de desbloquear a pulsação da energia vital nos níveis do ser e as vias espirituais fazem o mesmo em outros níveis.

Para terminar, gostaria de resumir dizendo que todos os níveis do ser (corporal, emocional, mental e espiritual) são a manifestação da mesma energia cósmica, que se organiza em cada um destes níveis seguindo uma dinâmica de pulsação concentração-expansão, simplicidade-complexidade, condensação-dissolução, carga-descarga. No momento da morte, toda a energia concentrada no indivíduo (corpúsculo) se expande e se dissolve no rio da energia cósmica (onda) que antecedeu ao nascimento do indivíduo e sucederá a sua morte. Por sua vez, esta energia em forma de onda voltará a se materializar como corpúsculo concreto no momento da concepção. Esta é a Roda da Vida e da Morte. Este é o fluxo universal da energia.

No despertar do século XXI

Todas as disciplinas humanas que favoreçam o conhecimento, a aceitação e a fluidez desta realidade prestam uma ajuda inestimável aos seres humanos. Sinto que este é o caso da terapia reichiana como a ensina Xavier Serrano e também do Budismo *Zen*, assim como o estou transmitindo.

Xavier Serrano: W. Reich desenvolve a partir dos anos 40 um trabalho que será conhecido com o nome de orgonomia. A orgonomia se concentra no estudo da energia vital e sua aplicação nas diferentes facetas da vida. Reich definiu esta energia como orgon. Seu trabalho de investigação, com sua equipe, o leva a lançar hipóteses revolucionárias que vão elaborando uma metodologia capaz de aplicar estes conhecimentos pluridisciplinares a partir de uma visão epistemológica. Foi o que Reich chamou de funcionalismo orgonômico, até hoje pouco conhecido entre nós por várias razões, entre elas o fato de grande parte desta parcela do seu saber, não estar nem sequer traduzida em outros idiomas que não o inglês. Inclusive parte do que está em inglês, está microfilmado.

É justamente do ponto de vista do funcionalismo orgonômico que gostaria de fazer algumas considerações. O que nos diz o funcionalismo orgonômico? A vida humana é percebida como uma vida bem particular, com uma estrutura própria da energia cósmica. Fazemos parte de um todo. Reich, partindo de seus trabalhos clínicos, de laboratório e trabalhando com a primeira infância, foi se aproximando da idéia da existência de uma pulsação biológica como o movimento básico da energia vital. Esta pulsação biológica é a que permite, numa dinâmica que apresente função e objetivos específicos, desenvolver a vida humana como qualquer outro tipo de vida. Um *quantum* energético se coloca em uma membrana e através do que Reich chamou processo de superposição energética, desenvolve vida em uma matéria concreta e com funções concretas. Este processo de estruturação energética especializado terá como conseqüência o animal humano.

O animal humano tem suas particularidades, sendo fundamental sua capacidade de amar. Esta capacidade de amar e de viver a sexualidade amorosa está intimamente vinculada ao movimento de pulsação biológica, pois a capacidade de amar é o que instintivamente nos aproxima do vivo e de onde todos somos parte.

Nesta estruturação energética especializada, há algumas funções psíquicas, cognitivas, mentais, e outras somáticas, corporais. Dentro do corporal, entra o emocional, o sistema nervoso vegetativo.

É a harmonização de tais funções que nos permite falar, ou, melhor ainda, falar de saúde, equilíbrio e contato. A capacidade de contato não é nem mais nem menos que a 'possibilidade de', mantendo nossa particularidade de animal humano que nos diferencia de outros seres vivos, estar em contato com aquilo que nos dá vida, a mantém e ao que retornamos, o oceano cósmico. Esta síntese harmônica de funções deve ser não apenas nosso objetivo de saúde como também de vida. Metaforicamente seria a síntese do céu e da terra, ou seja, poder desenvolver as funções específicas de um ser humano ao mesmo tempo em que as funções específicas do vivo, com a percepção da realidade holística, sem desagregar nem parcializar.

No fundo, esta dinâmica nos permite, repito, desenvolver uma visão global em que constem todos os ângulos do humano. Quando falo dos ângulos do humano, não falo da palavra espiritual, pois para mim a palavra espiritual estaria implícita nesta capacidade de contato. Quando existe contato, existe capacidade de sentir a vida, de sentir o oceano energético e de nos sentirmos, portanto, parte do todo, que identificamos, de acordo com F. Capra com o termo de espiritual.

A corrente energética livre nos permite a integração das funções específicas do animal humano às funções de vida e energéticas em geral. Mas infelizmente estamos, como todo o vivo, influenciados por um ecossistema. Este ecossistema condiciona a potencialidade do vivo. Se uma planta não é regada, morrerá, ou se não cuidamos o suficiente de uma árvore, como dizia Reich, ela crescerá torta. Concretamente, o animal humano está bem torto há milhões de anos. O animal humano se distingue não por sua capacidade de amar, mas de destruir sua realidade cotidiana, sua potencialidade.

Quando a pulsação energética, os processos instintivos se encontram limitados, manipulados, condicionados a partir da vida intrauterina, dinâmicas familiares, sociais, culturais, que estão longe do princípio ou dos princípios da vida, cria-se uma estrutura energética alterada que tende a se separar o menos possível de sua funcionalidade, mas que necessariamente para se adaptar tem que se compensar, o que significaria se desestabilizar, gerando uma certa distorção. Esta distorção, Reich descreveu como uma "couraça".

A couraça muscular do caráter está impedindo a integração das funções psicossomáticas e, portanto, limitando o contato com o vivo e com o oceano energético. Essa impossibilidade de contato vai gerar uma distorção perceptiva.

Deixamos de ver o que é objetivo, a realidade da vida, para ter visões mecanicistas ou místicas da vida (separando o que é o misticismo do que é espiritualidade), porque estrutura de caráter significa, sobretudo, fragmentação, especialização de funções parciais. Assim, se desenvolvermos mais as funções somáticas corporais, seremos pessoas muito emocionais e muito ativas, deixando as funções cognitivas menos desenvolvidas. Ou, se desenvolvermos muito as funções cognitivas, gerando como conseqüência um desinteresse pelo corpo e pelas emoções, porque não nos parecerão interessantes. Também podemos desenvolver alguns aspectos específicos energéticos, mas sem integrá-los às funções cognitivas, como as capacidades mediúnicas ou intuições transcendentais, mas com uma vida emocional e psíquica desastrosa. Difícil é encontrar o equilíbrio, e de acordo com Reich, a integração das funções, a harmonia e o equilíbrio das diferentes particularidades do vivo no caso concreto do humano.

Ainda que observando as particularidades de cada estrutura de caráter, existe algo que será geral para todas: a tendência ao embrutecimento. Temos uma dinâmica que nos separa cada vez mais do essencial, daquilo que é a essência da vida, porque a couraça, a percepção, os filtros, nos impedem de chegar ao fundo, no núcleo. Isso é o que Platão descreve no mito da caverna, quando se refere a ficar na sombra.

Maria Monteiro Rios: Qual é o meio, a forma para sair desta dinâmica de contração e embrutecimento e ir em direção ao amor, à expansão, à integração das funções: emoção, espiritualidade, humanidade?

Xavier Serrano: O problema que temos é saber como podemos nos aproximar e conhecer as particularidades do animal humano já embrutecido com sua couraça, vivendo num ecossistema concreto, como podemos nos aproximar e conhecer as relações entre o cultural e o biológico. Que elementos mais distorcem e mais fomentam a formação da couraça, e o que tem a ver isso tudo com as dinâmicas clínicas e as patologias em geral.

De certa forma somos anjos caídos, desterrados de algo, que no fundo não é nada mais nada menos que a possibilidade de contato com a vida e com a harmonia. Esta possibilidade de voltar ao paraíso passa necessariamente pelo desenvolvimento de três elementos:

1. Por um lado, seriam necessárias certas mudanças vinculadas ao ecossistema social, ou seja, tudo o que tem a ver com o conhecimento das dinâmicas preventivas na infância, na educação, que forma de educação estaria de acordo para que as crianças fossem se encontrando, ou melhor, não fossem perdendo esse contato, essa capacidade específica de sentir a vida e, portanto de desenvolvê-la, quais meios sociais, inclusive ecológicos permitem que haja uma harmonia entre natureza e cultura.

2. Usando meios de mudança que nos permitam recuperar esta capacidade de contato, e para tanto não há dúvidas de que temos que nos dar conta sobretudo do ritmo biológico. O ritmo biológico facilita um maior contato ou um maior embrutecimento e é individual. Há ritmos biológicos que vão contra a natureza de cada pessoa – geralmente é o que ocorre – e isso vai aumentando a dinâmica de embrutecimento, de falta de comunicação e isolamento, de medo, que nos leva a nos encouraçarmos ainda mais .

3. E há outro elemento específico que é o da via terapêutica: a psicoterapia, ou melhor, certas psicoterapias, entre as quais cito a vegetoterapia caracteroanalítica (orgonoterapia), que nos permitem recuperar a potencialidade que existe em todos ao romper a couraça, deixando que o próprio eu se expanda e recupere a capacidade de contato, de percepção oceânica e de abandono orgástico.

Agora, supondo que estamos conseguindo esta dinâmica pessoal, de aproximação, de maior contato e equilíbrio, acredito que haverá uma série de fatores fundamentais no cotidiano para potencializá-lo e que dividi em quatro apenas para ser pedagógico:

1. Uma delas seria o silêncio, a possibilidade de nos encontrarmos com nosso próprio momento, com nosso aqui e agora; no silêncio existe o suposto encontro com nosso próprio inferno, aquele que carregamos dentro de cada um e nos perguntamos que meios podemos usar para lidar com ele. O silêncio poderia facilitar o que normalmente não fazemos: manter contato direto conosco. A meditação é um meio de realizarmos este contato.

2. Outro elemento fundamental é o contato com a natureza em sua totalidade, (os princípios animistas ou xamanistas, conforme os concebemos); potencializar a aproximação com aquilo de que fazemos parte; chegar a sentir que somos parte de tudo isso.

3. Percebermos que o cotidiano, o dia a dia e o que cada um faz, nos mostram continuamente as verdades da vida. Há uma frase francesa que diz: "há mais verdade em 24 horas da vida de uma pessoa do que em todos os tratados de filosofia"; se soubermos enxergar podemos aprender com tudo que nós realizamos ou que ocorre ao nosso redor. Se soubermos olhar sentindo o vivo, podemos adquirir tesouros que não nos custam dinheiro: o vento, o sol, a chuva, o contato com o cotidiano através do trabalho, através das vias do conhecimento, através

dos filhos, do crescer de nossos filhos, da amizade, elementos que deveriam nos aproximar cada vez mais da vida, do contato com ela.

4. E por último, o contato com um "outro" ou uma "outra", o que nos permite viver o abraço genital, a capacidade de entrega e de amor para o outro, o que promove um maior contato com a vida, experienciado através da capacidade de perder-se no outro, do prazer ampliado a partir da escolha e da entrega.

Quatro elementos que permitiriam a totalidade do ser evoluir abrindo vias de aprendizado capazes de recuperar algo que está aí e que é a essência do humano, do meu ponto de vista.

Dakusho Villalba: Do ponto de vista Budista, o principal bloqueio aos nossos sentimentos é dado pela ignorância. Ignorância é o que nos impede conhecer as respostas a perguntas tais como: O que é o processo cósmico? O que é a nossa vida, e como funciona? A maior parte de nossa energia vital disponível é gasta na luta pela sobrevivência. Vivemos com a consciência de sermos os sobreviventes. Para sobreviver experimentamos diversos tipos de sofrimentos, nos quatro níveis de nosso ser. São eles: os sofrimentos corporais, emocionais, mentais e espirituais. Considero que esta ignorância se manifesta de muitas formas, porém em nós e em todos os que vivem em civilizações dominadas por valores ocidentais, a forma mais característica desta ignorância é a chamada "confusão mental".

As culturas ocidentais estão presas no nível mental. Isto quer dizer que vivemos confundidos por conceitos e imagens mentais gerados por nossa mente e que reagimos mais a elas do que às coisas em si. Por exemplo, reagimos mais intensamente à palavra árvore do à árvore em si.

As civilizações ocidentais promovem um hiperdesenvolvimento da mente conceitual, em prejuízo dos outros níveis do nosso ser: assim os níveis corporal, emocional e spiritual ficam esquecidos. Isso conduz a um estado de alienação geral no ser humano, visto que somos corpo, emoção, mente e espírito. Ao vivermos aprisionados no nível mental, reduzimos tudo a conceitos e imagens, criados pela nossa mente. Por isso vivemos alienados, separados do nosso corpo, de nossas emoções e de nosso espírito.

O ego é a imagem que cada um tem de si mesmo. Porém, na maior parte das vezes, esta imagem não tem nada a ver com o que uma pessoa realmente é. A imagem que cada um possui de si mesmo foi condicionada pela educação, pelo sistema social e cultural. Por isso, quando um ser humano ocidental olha a si mesmo, lhe ocorre que a imagem que tem de si não tem nada a ver com seu funcionamento corporal; muitas vezes, nem sequer com sua vida sexual, não inclui sua capacidade emocional, nem suas necessidades e tendências espirituais.

A prática do *Zen* é uma via para romper esta imagem mental ilusória que temos de nós mesmos e da realidade.

A prática do *Zen* está baseada principalmente na prática da meditação, quando os quatro níveis do ser se integram e se desenvolvem. Esta é uma prática de meditação na qual a postura corporal é fundamental. Em princípio, para os ocidentais, esta postura é muito difícil. Por quê? Porque não temos consciência corporal, não conhecemos nosso corpo, não estamos em contato com ele. A primeira coisa que acontece quando uma pessoa senta para meditar é perceber que de fato sua mente está disparada. Temos diarréia mental, hiperprodução conceitual. Além disso, temos algo pesado e denso que se manifesta em todas as direções: nosso corpo. E logo a pessoa já diz: "Nossa, que loucura, eu tenho um corpo!"

A prática da meditação em *Zazen* é o ponto chave para romper esta imagem ilusória que temos de nós mesmos, isso a que chamamos ego. Por um lado, *Zazen* nos ajuda a ter consciência de nossa natureza emocional e corporal, e por outro, nos permite transcender o funcionamento conceitual, a mente cognitiva, para acessar um reino do ser e da existência que podemos chamar de espiritual ou transpessoal, e que possui suas regras cognitivas específicas, diferentes da mente racional e conceitual.

A meditação *Zen* nos ajuda a ter consciência dos níveis evolutivamente anteriores que reprimimos ou esquecemos, como a parte corporal e emocional. Por isso, a prática da meditação pode nos levar a perceber que há certas lacunas importantes no nosso desenvolvimento, em nossa consciência corporal e emocional. Isso posto faz-se necessário um tratamento específico. Este tratamento é proporcionado pela psicoterapia.

Por outro lado, quando pudermos produzir a integração pessoal necessária entre corpo, mente e emoção e pudermos estabelecer um equilíbrio justo e harmônico nesta tríade, a prática *Zen* irá nos permitir aceder aos reinos superiores de nosso ser (maior nível de complexidade, maior nível de sutileza e maior nível de aproximação com nossa natureza verdadeira).

Por isso, acredito que ser muito importante que os profissionais da psicoterapia, os que estão ocupados em favorecer uma consciência corporal, emocional e mental justa às pessoas que estão sendo trabalhadas em níveis espirituais, encontrem uma linguagem comum que nos permita entender que o ser humano é uma totalidade e cada um deve trabalhar um aspecto dela, para que todos nós como seres humanos normais, mortais, tomemos consciência de nossa globalidade e do que estamos fazendo aqui.

Maria Monteiro Rios: Qual é sua opinião sobre a função e a posição do psicoterapeuta e a do mestre espiritual? Como poderia ocorrer um diálogo entre eles? Como podemos ajudar aos outros a recuperarem o contato consigo mesmo e sua própria integridade?

Xavier Serrano: Eu proponho a retomada do discurso da parcialização, sabendo que nossa dinâmica social está baseada na parcialização das funções, ou na especialização de funções separadas. Logicamente, aparecem especialistas de cada área, cada vez há mais especialistas e cada vez tudo mais desagregado. É positivo o fato de contarmos com especialistas, desde que venha acompanhado de uma metodologia que nos permita integrar os conhecimentos de especialidades tão díspares. Esta é a linha de F. Capra com o chamado novo paradigma ecológico. A possibilidade de fazer interagir conhecimentos parciais. Algumas verdades parciais, ao serem fragmentadas se convertem em grandes mentiras, mas esta interação funcional, só poderá ser conseguida com a perspectiva de um trabalho em grupo, em que haja o reconhecimento da função e do saber do outro, mantendo um objetivo comum, que é o bem-estar.

Bem-estar que supõe romper as dinâmicas neuróticas de competitividade, as narcisistas, as paranóicas que impedem aproximações de linguagem, traduções de linguagem, facilitando a comunicação e o entendimento, deixando de lado essa torre de babel, onde falamos idiomas distintos porque perdemos a capacidade de falar uma língua comum.

Certas correntes holísticas, das quais participamos, partem desta abordagem... Daí a necessidade de introduzirmos em nosso trabalho especializado em clínica, como profissionais da saúde, pessoas, paradigmas, especialistas que comungam desta visão, respeitando sua própria identidade.

A partir desta dinâmica, epistemologicamente ampla e global, há poucos psicoterapeutas que tenham esta visão. Se o psicoterapeuta clínico aborda uma pessoa com uma visão mecanicista ou parcial, o tratamento será parcial e mecanicista. Se possuir usma visão holística do animal humano, poderá aproximar-se a partir deste ponto holístico. Necessitará constantemente conhecer coisas e não só mentalmente; é fundamental, portanto, o próprio e contínuo experimento pessoal do psicoterapeuta para poder colocar-se em uma posição, em um plano que lhe permita estar com o outro e usar meios que, por sua vez, permitam adiantar e fazer avançar o outro num caminho que o próprio psicoterapeuta deve conhecer previamente, não só por livros, mas pela própria experiência, vivência e pelo próprio processo terapêutico de amadurecimento pessoal. Por isso, em nossa escola, todo orgonoterapeuta, com uma formação de anos de cursos, seminários de casos e supervisões clínicas, realiza sua própria terapia com um orgonoterapeuta qualificado. Seguindo o paradigma reichiano, o que pretende nossa equipe de trabalho orgonômico é liberar as pessoas desta situação de embrutecimento, com meios que dificilmente elas conseguiriam sozinhas.

É preciso ter a humildade sábia para reconhecer que estamos tão embrutecidos que sem ajuda não se consegue sair da própria cegueira e às vezes esta saída passa por uma ajuda clínica, por uma ajuda terapêutica, sempre e quando esta prática terapêutica tenha uma visão global.

Volto a insistir nisto, porque, senão, o remédio é pior que a própria doença. Procurar tratamento, buscar a ajuda de um psicoterapeuta que tenha visão mecanicista dos casos, é em alguns casos pior. Não que não alivie, pode ser que sim, mas separa do caminho da verdade e pode bloquear o contato e a percepção energética e emocional. Não levem isso como palavras proféticas, isso é o que menos pretendo. O caminho da verdade passa, muitas vezes pelo encontro com o inferno, por isso não precisamos ter tanto medo das crises, dos conflitos ou do sentimento de solidão ou desespero, da dor, da doença, porque tudo isso está expressando o momento em que estamos, está mostrando onde estamos posicionados e da possibilidade maior ou menor que temos de chegar ao conhecimento. Conhecimento com maiúscula, pois a partir da crise é que surge a transformação e a mudança.

Nossa prática pós-reichiana favorece os meios que levam à desejada mudança, aumentando a capacidade de contato, permitindo que a pessoa esteja mais próxima do conhecimento de sua essência, entrando em contato com suas potencialidades; a partir daí, a própria pessoa terá que manter uma constante luta com o meio social, nocivo contra este princípio, contrário a este caminho. A saúde se conquista dia-a-dia, a saúde se mantém dia a dia e, para trabalhar neste dia-a-dia, necessitamos de meios que partam da regulação e do equilíbrio energético e do equilíbrio do terapeuta para poder manter e ainda crescer nesta dinâmica de descobertas, evitando a ignorância. A partir daí surge a necessidade funcional de nos aproximarmos do conhecimento de pessoas como Dokusho Villalba, que com sua experiência espiritual e sua visão holística tolerante e aberta passam a contribuir para nosso processo de crescimento.

Dokusho Villalba: Gostaria de falar sobre minha experiência pessoal a respeito do que Xavier Serrano acaba de expor. Desde 1982, desenvolvo a função de mestre budista *Zen*. Durante estes anos, conheci centenas de pessoas. Em geral, as pessoas buscam uma via espiritual como o *Zen* por estarem insatisfeitas consigo mesmas e com o tipo de vida que levam, por terem algum tipo de sofrimento, algum tipo de inquietude que logicamente procuram resolver e superar. Todos os seres sensíveis procuram a felicidade. Ninguém quer experimentar a dor ou o sofrimento. E ainda, com a crise de valores e com o aceleramento do ritmo vital, muita gente busca os centros para aprender a meditação *Zen*, acreditando que seja uma varinha mágica que possa resolver qualquer mal estar ou sofrimento. No princípio da minha prática, também acreditava que a meditação *Zen* fosse uma excelente via para todos, independentemente de qual fosse o problema de cada um. Com o tempo, fui me dando conta de que não era bem assim. Inclusive, pude comprovar como a meditação *Zen* exacerbava certos conflitos e tensões de certas pessoas.

Ainda pude comprovar que eu e muita gente que continuou a prática de *zazen* durante anos alcançamos uma identidade centrada e clara e uma maior estabilidade; pelo fato de ter praticado meditação *Zen* durante muitos anos e ter tido uma vida bem intensa e rica espiritualmente, me dei conta de que apesar de tudo ainda havia em minha personalidade certos aspectos que não terminavam de encaixar. Tinha a sensação de estar caminhando com uma pedra no sapato. Durante uma época adotei a estratégia de correr mais rápido, de entrar mais profundamente no terreno espiritual com o fim de superar o incômodo que me produzia esta pedra no pé.

Mas, chegou um momento em que não tive outra opção senão parar e me ocupar diretamente deste incômodo. Disse-me "Minha prática espiritual está muito bem, mas em que estado está minha estrutura emocional e psicológica? O que acontece com as minhas emoções? Como são minhas emoções? Sobre que pilares está assentada minha personalidade? E meu corpo? Como me relaciono com meu corpo?" E pouco a pouco, sobretudo depois de meu encontro com a obra de Ken Wilber, comecei a vislumbrar que era formado por distintos níveis, como uma cebola, distintas capas.

Então me comprometi com um processo que poderia chamar de "checagem" da minha estrutura emocional e psicológica, uma espécie de indagação do meu corpo, das minhas emoções e da minha estrutura caracterial. Quando li Maslow e compreendi as diferentes necessidades do ser humano e sua integração no espaço social, espiritual, transcendente, comecei a perceber que, na realidade, a prática espiritual que seguia era um remédio excelente para satisfazer um determinado tipo de necessidades, mas que havia outros remédios e alimentos para satisfazer outras necessidades igualmente legítimas da vida humana.

Cheguei à conclusão de que, enquanto não tivermos um ego medianamente integrado, uma personalidade com seus componentes corporais, emocionais e mentais medianamente integrados, enquanto não houver certa integração do ego com sua sombra, é muito difícil acessar os reinos espirituais porque mesmo que acesse, se a personalidade não estiver integrada, é bem provável que aconteça o que disse Xavier Serrano sobre os "fenômenos místicos", que são a deformação da realidade espiritual provocada por uma personalidade já em si mesma distorcida.

Há anos estou trabalhando nesta linha, percebendo que, em geral, a maioria da população da terra está armadilhada, presa no nível mental representativo, conceitual. Temos registros pendentes no âmbito corporal, emocional, resultados de acontecimentos da época perinatal, da concepção mesma e até mesmo anteriores; para tanto, devemos usar ferramentas específicas, capazes de recuperar esses registros pendentes, pois a via espiritual não pode ser de nenhuma maneira uma evasão da nossa realidade como ser biológico, emocional, mental e social. Por isso, hoje meu discurso é mais abrangente, mais global. Por essa razão não proponho a via do *Zen* a todos aqueles que me procuram. Previamente analiso e considero se a pessoa está em um momento apropriado para recebê-la. Em alguns casos oriento para que pratiquem o *Zen*, que desenvolvam os aspectos espirituais. Em outros, aconselho que esta prática espiritual seja conjugada com algum trabalho pessoal no terreno corporal, emocional e psicológico. Sinto que este enfoque holístico é hoje em dia fundamental.

Lembro-me de uma cena muito bonita no filme *A história sem fim*, quando Atreyu, o protagonista, tem que encontrar a solução para que o reino da Fantasia não se desintegre pela força do Nada. Tem que atravessar uma série de obstáculos procurando uma solução. Um deles é um espelho que está situado no meio do deserto. Para mim, esta metáfora é exemplar e significa que devemos atravessar a realidade aparente, abandonar o ego que acreditamos ser aquele elemento de identidade que está separado do resto do cosmos ao qual na verdade sabemos pertencer. Para tanto, temos que passar através do espelho, e a primeira coisa que faz o espelho é refletir a realidade, nossa realidade básica, nossa realidade corporal, emocional e psicológica. Na porta de entrada do reino espiritual se encontra um espelho como este. Para ir além, é preciso processar uma profunda recapitulação corporal, emocional, psicológica.

Nosso destino como seres humanos é atravessar este espelho. Só podemos fazê-lo quando colocarmos cada um dos níveis anteriores do nosso ser em ordem, ou seja, quando pudermos recuperar conscientemente nosso corpo, nossa capacidade emocional e a condição de nossa mente. Então, poderemos atravessar o espelho e penetrar nos reinos espirituais. Do contrário, os filtros da personalidade irão distorcer nossa experiência espiritual.